食堂成本管理实务

Practical Cost Management in Caf

马剑光◎著

中国石化出版社

·北京·

图书在版编目(CIP)数据

食堂成本管理实务 / 马剑光著. — 北京：中国石化出版社，2025. 4. — ISBN 978-7-5114-7947-1

Ⅰ. TS972. 3

中国国家版本馆 CIP 数据核字第 2025FG9912 号

中国石化出版社出版发行

地址：北京市东城区安定门外大街 58 号

邮编：100011 电话：(010)57512500

发行部电话：(010)57512575

http://www. sinopec-press. com

E-mail：press@ sinopec. com

宝蕾元仁浩(天津)印刷有限公司印刷

全国各地新华书店经销

*

710 毫米×1000 毫米 16 开本 10. 75 印张 160 千字

2025 年 4 月第 1 版　2025 年 4 月第 1 次印刷

定价：78. 00 元

前　言

在当今的大数据经济环境下，无论是机关单位食堂还是企业食堂，成本管理都至关重要。对于企业来说，食堂成本管理会影响到企业的整体运营成本，进而影响企业的最终利润。如果食堂成本过高，企业就需要投入更多的资金用于食堂运营，增加经营负担。反之，如果食堂成本能够合理控制，企业会有更多的资本用于提高企业竞争力。一个能够有效控制成本的食堂，可以在保证食品质量的前提下，为员工提供更加实惠的餐饮服务。

《食堂成本管理实务》的编写，一个目的是为食堂管理者提供成本管理实践方面的指导。目前，市场上虽然有一些关于餐饮成本管理的理论书籍，但针对食堂成本管理实务操作的书籍还相对较少。本书结合食堂实际运营情况，详细阐述食堂成本管理的各个环节，包括食材采购、生产加工、人力资源管理、能源成本管理等方面的具体操作方法，帮助食堂管理者更好地进行成本管理工作。

另一个目的是促进食堂成本管理的规范化。在不同地区和不同类型的食堂中，成本管理存在着较大差异，本书立足适用性要求，着重汇总成本管控的通用做法，适用于不同类型的食堂，包括企业食堂、机关单位食堂、学校食堂等。虽然这些食堂在服务对象、运营模式等方面可能存在差异，但在成本管理的基本原理和方法上是相通的。因此，本书的内容可以为不同类型食堂的成本管理提供参考。同时，本书也适用于不同规模的食堂。无论是大型食堂还是小型食堂，在成本管理方面都面临着类似的挑战，针对如何在有限的预算内提供优质的餐饮服务这一问题，本书结合不同规模食堂的特点，提供相应策略，以便食堂管理者能够根据自身食堂的规模进行合理的成本管理。

编写《食堂成本管理实务》历经系统化调研与论证。从资料收集到内容整理，通过对不同类型食堂(如机关单位食堂、企业食堂、学校食堂等)的实地调研，深入了解食堂成本管理各个方面的现状，以获取最真实的成本管理情况。为了确保内容的准确性和实用性，我们参考了大量的行业数据和相关研究成果。同时，我们也与众多食堂管理人员进行交流，他们在实际工作中的经验和遇到的问题，为本书的编写提供了丰富素材。在菜品设计方面，食堂管理人员能够根据用餐人员的反馈，调整菜品结构来控制成本，这一实际操作经验也被融入书中。

由于作者水平有限，书中难免有错误和不足之处，恳请广大读者批评指正。

目　录

第一章
食堂成本管理的基础知识

在企业发展过程中，成本管理处于举足轻重的地位。成本管理是对经营全过程的管理与控制，不仅控制产品的生产成本，而且针对经营过程中发生的所有费用进行全方位的管理与控制。实践证明，成本是企业在市场竞争中取胜的决定性因素之一，成本管理是所有企业都必须严肃对待的重要管理话题。企业无论采取何种改革、何种激励措施都代替不了强化成本管理这一工作，它是企业成功最关键的元素之一。良性的成本管理与控制是每个企业都必须放到首位思考的问题，抓住它就可以优化产品结构与成本结构，精益求精地推动标准化管理，提高管理的精准性与管理的透明度，实现企业的良性与持久发展。

目前，团餐食堂的成本管理，大多借鉴了餐饮业成本管理的方法，尽管食堂经营也是餐饮业经营的方式之一，但在经营模式与管理形式上存在本质区别。同样是在固定的就餐环境下，为受众群体提供优质的饮食产品和堂食服务，餐饮业需要有足够的利润空间，确保利润最大化，合理控制经营成本，其所追求的最终目标是净利润的无限放大。食堂的成本管理则有所不同，虽然同样要求一定的利润来支付运营成本，但不能无限放大利润空间，其所追求的最终目标是服务效果。另外，由于服务方式不同，成本核算方式也存在很大差异。餐饮业是设置相对固定的产品与价格，由食客选择性地挑选就餐产品，从而实现服务效果；食堂则是在固定的就餐标准下设置食谱，由食客自由取餐或选择性地挑选产品，以此实现服务效果。这样就出现了以下几方面的差异。

一是在设置毛利率额度上的差异。餐饮业毛利率空间控制值较大，且会随着市场变化有所调整；食堂设置毛利率空间要求能满足管理成本消耗即可，一般情况下不受其他因素影响，不会因市场的变化而随意变动毛利率值。

二是成本核算方式的差异。餐饮业绝大多数是通过单一产品成本加毛利来推算销售价格，产品类别、食材类别、时令与季节的不同，都会在很大程度上影响价格与毛利空间；而食堂则是在固定的就餐标准下，以主、副食组合套餐的形式来核算成本，即在固定价格下预留一定的毛利额，以此来推算成本，价格、毛利、成本都固定，没有可以调剂的空间。

三是就餐方式的差异。餐饮业食客点餐消费后，商家再制作产品并提供服务，产品成本可控性高；而食堂虽有固定的就餐服务对象，但要预先制作产品等待食客就餐，如果就餐人数变化较大，随时会出现产品消耗无法精准掌控的情况，产品成本消耗存在极大的不确定性。

综上所述，食堂成本管理与餐饮业成本管理在诸多方面存在差异，立足食堂管理的需求，全面精准把控成本管理至关重要。

第一节　食堂成本管理的概念与内容

食堂是为学校、机关、企业等人员密集的集体单位提供饮食服务的场所。食堂配备专业的管理人员、厨师和服务人员，配置齐全的设备设施，营造卫生干净的就餐环境，提供优质的饭菜和饮品，以此为受众群体提供优质的服务，为他们的学习与工作保驾护航。

食堂的运营需要投入原材料、人工、能源以及管理费用等。在此过程中存在许多客观的管理因素，也就是人为可控与不可控的成本因素。例如，原材料采购价格的变化、人力资源的调整、能源成本的消耗控制。在经营管理中面对这些成本管控问题，需要采用有序的管理手段对这些因素进行不断优化与管控，从而促使食堂成本实现明朗化、精细化、科学化，这就是食堂成本管理。

一、食堂成本管理的概念

食堂成本管理就是在运营过程中，利用科学的、规范的财务管控手段，全面掌控食材、人工、能源、流通与管理等经营环节的成本管理节点，从而实现食堂成本清晰化、规范化、科学化。

食堂的成本主要分为直接成本和间接成本两大类：

1. 直接成本

直接成本是指在一定时期内消耗的原材料支出，包括主料和辅料，一般称为产品成本。

2. 间接成本

间接成本包括变动和固定两种费用支出，且两者不计入产品成本。变动费用主要指用工费用、行政办公费、营业消耗等；固定费用主要指资产折旧、银行财务费用的摊销等。

因此，食堂成本结构的清晰化可以帮助管理者正确认识和掌握成本变动规律，为降低运营费用开支、提高经营效益提供可行的管理策略，也为食品标准成本和消耗成本指标的制定提供可靠的依据。

二、食堂成本包含的内容

食堂成本包含产品成本、人力资源成本、能源成本、行政管理成本、财务成本五大类。

1. 产品成本

食堂产品成本是指为受众群体提供的伙食成本，主要是食材消耗成本，由主料、配料、调料三部分组成。产品成本属于可变成本的管理范畴，其可变性有三个方面。

一是食材供应价格会随市场波动而起伏不定，同时采购质量的不稳定，也会在一定时间内影响到产品成本的浮动。

二是厨房食品加工环节的各种消耗，都会直接影响产品成本的走势，这里主要指的是厨房工作人员加工技术的粗糙与精细，会直接影响到净料率，从而导致产品成本的波动，生产过程中损耗率的控制是成本控制的关键。例如，食用油的投料比例不当与洒落会直接影响成本，火候掌控不当会降低菜品的出品率，从而造成成本的增加。

三是产品配比影响成本。主料、配料的配比绝对不能失调，生产中严格执行标准食谱是掌控成本的关键。一旦失调会有两方面的直接损失：一是主料用量过大，会直接导致成本上升；二是配料用量过多，会使质量下降直接损害服务群体的利益。

由此可见，产品成本是食堂成本管理的主要管理因素与控制范畴。

2. 人力资源成本

人力资源成本简称人工成本，是指围绕着人工所发生的一切费用，具体包含人工工资、劳保待遇与福利、招聘与培训费等。

人力资源成本属于不可变动成本，人工工资是按照岗位设置标准执行的，食堂岗位标准与岗位工资的确定是相互关联的，合理配置人工是人力资源成本管理的关键。劳保待遇与福利是员工手册和招聘简章中的主要内容，一般情况下不能随意改动。在财务管理中招聘与培训费是有固定标准的，需要严格执行年度招聘与培训费用计划。因此只要严格执行财务人力成本管理制度，不随意放宽执行标准，就是很有效的成本管理举措。例如，按照招聘计划实施集中招聘与就近招聘，尽量不在缺岗时随意招聘；依靠调整岗位和集中调剂的措施解决岗位缺失问题，都是可行的办法。这些费用虽说不会直接影响产品的运营成本，但会直接影响食堂的经营管理与经济效益，是食堂成本管理的重点细节把控因素之一。

3. 能源成本

能源成本是指生产运营过程中所发生的能源消耗支出，具体包含水、电、气、暖等能源损耗。能源成本虽说是不可变动成本的一部分，但通过严格的管控措施，在一定范围内是可以降低消耗费用的。所以能源成本永远是降低成本的关键指标之一。

4. 行政管理成本

行政管理成本是围绕经营管理所发生的生产成本以外的费用，主要包含差旅与会议费、交通运输费、营销与宣传费、常规的办公费等。这些费用看似平淡无奇，却是直接影响运营成本的关键因素。虽然有严格的财务执行标准，但很容易失控，从而导致管理成本的增加。在食堂成本管理中如何降低行政管理成本是一个永恒的话题，例如，尽量不安排外出会议，或者采取线上视频会议模式；严格控制办公纸张费用，采取双面打印；同一区域内采取拼车外出的办法，以降低交通费用等。

5. 财务成本

财务成本主要是指资金投入成本、固定资产折旧成本、房屋租赁成本三大部分。资金投入成本包含周转资金和银行贷款的利息成本，简称借贷资金成本。一般情况下食堂周转资金由企业投入，不会发生银行借贷的情况。但是，从市场角度考虑，食堂采取外包运营或托管运营的模式比较常见，这样就出现了专职从事食堂服务管理的团餐餐饮企业；在这些团餐企业中投入资金的来源有很大一部分是靠银行借贷的，借贷发生的银行利息一定是纳入成本管理的，利息成本按照月息计入管理成本。固定资产折旧包含投入固定资产采购资金额度的折旧和平时固定资产维护、维修费用的核算两部分，其中，固定资产的维护与维修费用是成本管理的主要管控范畴。房屋租赁费用是按照月份计入成本的，如果在租赁合约中明确房屋维护与维修费用由甲方承担，则是合情合理的。

以上所述食堂成本的五大模块，不管是可变动成本还是不可变成本，对于管理者来说，都要严格纳入成本管理的控制范畴，而且需要针对性地制定有效的、科学的、规范的管理制度与措施。只有这样才能够确保企业的经营效益和服务效应，为食堂运营管理提供科学的财务分析数据和成本升降的走势分析，从而促使食堂保持良性与科学化的运转。

第二节 食堂成本核算知识

成本核算是指把一定时期内企业运营中所产生的生产消耗与管理消耗，按其性质和消耗特征进行归集、归纳汇总、核算，计算出该时期内生产与管理费用的总额，并分别计算出各种产品的实际成本和单位成本等。食堂产品成本核算包含的内容有净料率、毛利率、出品率、销售损耗率、产品成本、产品价格的核算六个环节。

食堂成本核算按照生产工艺划分为毛料成本、净料成本、半成品成本、成品成本四个环节。按照产品结构划分为主料成本、配料成本、调味品成本三部分。按照生产形式划分为单一产品成本、批量生产成本两部分。

一、生产工艺中的原料成本核算

食堂产品的生产工艺如下：

购进毛料→加工净料→预制半成品→烹制成品

生产工艺中的四个环节就是产品成本管理的四个主要要素，也是产品成本控制的四个关键节点。在这四个环节中，加工净料决定的是净料率的高低，直接影响产品成本的高低。半成品成本取决于制作流程中工序的多少，工序多则成本核算就较为复杂，同时损耗也会增多，成本自然就难以核算与控制。烹制成品成本关联着主料、配料、调味品的配比与直接成本之和，这构成了产品的最终成本值。在这里主要是核算原料的成本，而不是核算成品的成本。

（一）毛料成本

1. 毛料的概念

毛料是指采购进厨房但没有经过任何加工处理的食材。毛料的进货价格就是毛料成本，具体体现形式为××元/千克。值得关注的是，为了成本管理更加精准，需要将个别食材以最小单位成本的模式出库，例如，干货食材里的海参、鲍鱼进入库房后需要分解为××元/个。

实例：

某食堂购进 60 头规格大小的大连干海参，总重 5 斤（1 斤 = 0.5 千克），进货价格为 6000 元/千克，厨师长从库房提货 100 只海参，库房管理员将如何记账？

解：① 进货总值÷（进货斤数×规格数）= 单位成本值（元/只）

② 进货总值：5×（6000÷2）= 15000（元）

③ 总个数：5×60 = 300（只）

④ 单位成本：15000÷300 = 50（元）

答：库房管理员以 50 元/只，100 只海参记账为 5000 元。

这里需要说明的是，类似海参这样的干货划分为单位成本出账，是因为干货原料存入库房，随着时间推移，原材料会出现斤两上的损耗，再按照进货价格出账会造成库存不实的现象，最终导致库房盘存时难以平账。另外，存入库房的调味品大都是以整件或整包形式入库的，而厨房提货出库则是以单件形式居多，所以同样需要分解为单位成本出库。

2. 毛料成本核算

毛料成本一直以来都没有引起管理者的关注，作为产品成本的第一节点，在进库与出库环节尤为重要。当批量进库零散出库时，就需要关注出库的计量单位（单位成本）的精准度了；若批量进账就地批量整体出库，当复称数值出现偏差（发票重量与复称重量不符）时，也要核算出库的单位成本。

情景一：批量进库零散出库。

核算公式：进货总值÷(进货斤数×规格数)＝单位成本(元/个)。

情景二：批量进库复称与发票记录不符。

核算公式：进货总值÷复称数值＝单位成本(元/斤)。

例题：某食堂采购大白菜 2000 千克，进价 1.2 元/千克，货到复称 1850 千克，直接出库厨房如何记账(单位成本)？

解：① 进货总值：2000 千克×1.2 元/千克＝2400 元

② 出库单位成本：2400 元÷1850 千克＝1.3 元/千克

答：大白菜出库单位成本是 1.3 元/千克。

因此，在成本管理中对于毛料成本的管控很有必要，同时也需重视进库复称环节。在上面的例题中，如果不进行单位成本的核算，每千克就有 0.1 元的差价，试问这个差价将如何处置呢？

（二）净料成本

1. 净料与净料率

净料是指经过加工处理以后直接配制菜肴与面点的原料。原料进入厨房要经过择洗、清理、分档等加工处理，加工前是毛料，加工后是净料，二者之间存在着一个明显的关联，那就是原料加工后质量要发生变化，例如：10 千克芹菜经过择洗、清理以后会得到净芹菜 6.5 千克；1 千克干木耳涨发后得到净木耳 6 千克。两者加工变成净料以后重量发生了明显的降低或是增加，芹菜加工后净料 6.5 千克，净料率为 65%，而木耳涨发后净料 6 千克，净料率为 600%。65%和 600%这个比值一般厨房里称为出成率，在成本核算里叫作净料率。

净料率就是净料质量与毛料质量之间的比值(乘以 100%)。换句话说，就是净料质量占毛料质量的百分比。拿上面的例子来说，芹菜的净料率就是 65%，木耳的净料率就是 600%。计算公式为：

$$净料率=\frac{净料质量}{毛料质量}\times 100\%$$

换算公式为：

1）净料质量＝毛料质量×净料率；

2）毛料质量＝$\frac{净料质量}{净料率}$。

例题一：

食堂购进毛青豆 50 千克，经过去皮、清洗加工后的净青豆 40 千克，求青豆的净料率是多少？

解：根据净料率 $=\dfrac{\text{净料质量}}{\text{毛料质量}}\times 100\%$

$$\frac{40\text{ 千克}}{50\text{ 千克}}\times 100\% = 80\%$$

答：青豆的净料率是 80%。

例题二：

食堂按照食谱需要净青豆 20 千克，按照厨房净料率表得知青豆的净料率是 80%，食堂需要购进多少毛青豆？

解：根据毛料质量 $=\dfrac{\text{净料质量}}{\text{净料率}}$

$$\frac{20\text{ 千克}}{80\%} = 25\text{ 千克}$$

答：食堂需要购进 25 千克毛青豆。

例题三：

食堂以 1.6 元/千克的价格购进土豆 50 千克，根据厨房净料率表，土豆的净料率是 80%，但是经过加工以后得到净土豆 36 千克，请问是否正常？

解：根据净料质量 = 毛料质量×净料率

按照常规操作应该得到净土豆质量：

$$50\text{ 千克}\times 80\% = 40\text{ 千克}$$

答：不正常。因为实际得到净土豆 36 千克，比正常少了 4 千克。

从例题三中可以推断出真实的净料率与常规净料率有 8%的差距，那么这 8%的净料率差额究竟是出在哪里呢？常规净料率是行业通用的参考数据，与实际运营场景中的情况有差距。从理论的角度出发也算正常，因为平常在厨房里不可能经常做净料率的测算，也没有人去关注这些所谓的细节现象，这样看来，似乎一切都在可接受范围内。但是，餐饮业是根据实际净料成本来核算产品的成本再推算产品价格的。然而食堂则完全不同，食堂是先有固定销售价格，再根据售价推算成本的投入，其运算的方式恰恰与餐饮业的相反。按照例题三中所体现的情景，如果不去查找这8%净料率的差额，就意味着会增加产品成本。由此可见，净料成本的核算在食堂管理中的重要性。

2. 净料单位成本核算

根据例题三中提供的数据，50千克土豆进价1.6元/千克，共计价格是80元；加工以后得到净土豆36千克，每千克的成本是2.22元；加工后净料率比常规净料率少了8%，比常规出品少了4千克、价值8.88元。食堂产品成本是在固定售价里倒扣而来，这个成本必须是按照净料来核算的，也就是净料成本必须是精准的。否则，按例题三的情况来看，一年里会有多少个8.88元的损失呢？

净料成本只有以单位成本的形式才能准确地核算出来，也就是计入产品成本的直接原材料成本；对于原料加工以后的质量变化，只有运用净料率，方能精准地把控原料的出品率。出品率与净料率在概念上没有什么差异，净料率主要用于成本核算，而出品率则是经营管理中的称谓。

毛料进货总值与净料质量之间的比值就是净料的单位成本。

净料单位成本的计算公式为：

$$\frac{\text{毛料总值}}{\text{净料质量}}=\text{净料单位成本}$$

通过净料率可以核算出净料质量。换算公式为：

$$\text{净料质量}=\text{毛料质量}\times\text{净料率}$$

食堂净料单位成本是以元/千克来核算，而不是以餐饮业通用的元/百克来核算。餐饮业大都是单一产品呈现，一般质量不会超过1千克，且一份产品由多种净料组成，所以餐饮业净料单位成本以元/百克来核算是非常精准的。食堂产品的净料投料数量大多超过1千克，故此，食堂成本核算采用元/千克是必需的。

例题一：

食堂食谱中有道菜品是“青豆烧豆腐”，购进价格12元/千克的毛豆20千克（毛豆净料率80%），求净青豆的单位成本是多少？如果需要净青豆15千克，其投料成本是多少？

解：① 根据净料核算公式：

净料质量=毛料质量×净料率

净青豆质量：20千克×80%=16千克

根据核算公式：$\frac{\text{毛料总值}}{\text{净料质量}}$=净料单位成本

净青豆单位成本：$\frac{20\text{ 千克}\times 12\text{ 元/千克}}{16\text{ 千克}}=15\text{ 元/千克}$

② 净青豆投料成本：

15 千克×15 元/千克=225 元

答：净青豆的单位成本是 15 元/千克。15 千克净青豆的投料成本是 225 元。

例题二：

食堂制作菜品“酸辣土豆丝”需要配制 55 千克净土豆，净土豆的单位成本是 2.25 元/千克，求食堂购置土豆的费用是多少？

解：① 根据核算公式：$\frac{\text{毛料总值}}{\text{净料质量}}$=净料单位成本

② 得换算公式：毛料总值=净料质量×净料单位成本

③ 购置土豆费用：55 千克×2.25 元/千克=123.75 元

答：食堂购置土豆的费用是 123.75 元。

3. 净料成本的核算

原料进入厨房加工处理会出现两种情况：一是原料加工后只有一种净料可以计入产品原料成本，称之为“一料一档”；二是原料加工后有两种及以上可使用净料，称之为“一料多档”。例如，土豆经过加工只有净土豆一种净料，这种情况就是一料一档；一条草鱼经过加工后，有鱼头、鱼肉、鱼排等多种可以使用的净料，这种情况就是一料多档。

(1) 一料一档的净料成本核算。

一料一档的原料加工后会出现两种情况：

一是原料加工后只有一种净料而没有任何下脚料可以利用。

二是原料加工后有净料且有下脚料可以利用。

例如，韭菜经过加工后，只有净韭菜可以作为净料使用，而择洗剩下的黄叶、老根没有任何的利用价值。鲫鱼加工后，剩余的鱼鳞、内脏是可以作价处理后用作饲料。

一料一档的净料成本核算公式为：

$$\text{一料一档的净料成本}=\frac{\text{毛料总值}-\text{作价下脚料价值}}{\text{净料质量}}$$

例题一：

食堂购进小白菜 100 千克，进价为 1.2 元/千克，加工后的净小白菜 86 千克，求小白菜的净料成本是多少？

解：$$一料一档的净料成本=\frac{毛料总值-作价下脚料价值}{净料质量}$$

因为小白菜加工后没有可作价的下脚料，所以作价为 0 元

$$小白菜的净料成本=\frac{100\ 千克\times 1.2\ 元/千克-0}{86\ 千克}\approx 1.4\ 元/千克$$

答：小白菜的净料成本为 1.4 元/千克。

例题二：

食堂购进芹菜 120 千克，进价为 1.6 元/千克，加工处理后净芹菜 75 千克，芹菜叶送面点食用作价 12 元，请问芹菜的净料成本是多少？

解：$$一料一档的净料成本=\frac{毛料总值-作价下脚料价值}{净料质量}$$

其中芹菜叶作价 12 元，

$$芹菜的净料成本：\frac{120\ 千克\times 1.6\ 元/千克-12\ 元}{75\ 千克}=2.4\ 元/千克$$

答：芹菜的净料成本是 2.4 元/千克。

在一料一档的净料成本核算中，大多数人会把有价值的下脚料忽略不计，直接按照一般净料成本进行核算。这样就忽略了有价值的下脚料的成本，导致厨房整体的成本约束相对松弛。因此，厨房成本无形之中就出现了漏洞，久而久之将形成一个惊人的成本漏洞。按照上面例题二中的描述，芹菜叶可作价 12 元，经计算，净料成本核算的差额就是 0.16 元/千克，这样的虚空成本累计的数值将十分惊人。

虚空成本是食堂原料的使用量出现差额，进而导致产品成本不实的现象。一是原料使用了但没有计入成本或者是使用了没有作价的下脚料，二是库存数量计入成本后，出现了实物质量缺失的现象。像上面所讲的芹菜叶作价 12 元，就是第一种情况的虚增成本。虚增成本会使产品成本不实，从而使毛利空间放大。看似有利于生产经营的好事，事实上却是成本管理上的大漏洞。无论是虚增成本还是虚减成本都是很严肃的管理问题，务必引起管理者的重视。

（2）一料多档的净料成本核算。

一料多档是指原料加工后有两种及以上可以使用的净料。例如，一条花鲢鱼加工分档后，会有鱼头、鱼身、鱼尾三部分净料可以使用，其核算方式为先确定其中两种净料的成本，再核算剩下一种净料的成本，且这三种净料成本之和等于进货总值。

一料多档的净料成本核算公式为：

$$一料多档的净料成本=\frac{毛料总值-其他净料价值之和}{净料质量}$$

例题一：

食堂购进花鲢鱼50千克，进价为16元/千克，加工后的鱼头16千克，市场定价为22元/千克，鱼尾9千克，市场定价为8元/千克，鱼鳞、鱼内脏为3.5千克，求花鲢鱼身的净料成本是多少？

解：花鲢鱼的毛料总值：50千克×16元/千克=800元

花鲢鱼头和鱼尾的净料价值之和：

16千克×22元/千克+9千克×8元/千克=424元

花鲢鱼身的质量：50千克-16千克-9千克-3.5千克=21.5千克

$$一料多档的净料成本=\frac{毛料总值-其他净料价值之和}{净料质量}$$

花鲢鱼身的净料成本：$\frac{800元-424元}{21.5千克}=17.49元/千克$

答：花鲢鱼身的净料成本是17.49元/千克。

当原料加工后得到多种净料，且都没有确定净料成本时，该如何核算呢？这种情况下需逐一确定每种净料的成本与价值，确保它们的总和等于毛料总价值。

例题二：

食堂购进花鲢鱼50千克，进价为16元/千克，加工后的鱼头16千克，鱼尾9千克，鱼鳞、鱼内脏为3.5千克折价3.5元，其中，鱼头定价15元/千克，鱼尾定价12元/千克，求花鲢鱼身的净料成本是多少？

解：毛料总价值：50千克×16元/千克=800元

鱼头净料价值为：16千克×15元/千克=240元

鱼尾净料价值为：9千克×12元/千克=108元

鱼身净料质量：50 千克−16 千克−9 千克−3.5 千克＝21.5 千克

$$一料多档的净料成本=\frac{毛料总值-其他净料价值之和}{净料质量}$$

$$鱼身的净料成本=\frac{800\ 元-(240+108+3.5)元}{21.5\ 千克}=20.9\ 元/千克$$

答：花鲢鱼身的净料成本是 20.9 元/千克。

对比例题一和例题二的结果，可发现存在差异，原因是对分档净料的成本做了局部调整。由此可见，确定净料成本的标准不能够随心所欲，不然就会出现偏差。那么如何防范这种情况的发生呢？遇到这种情况，可参考厨房以往的核算价或者市场参考价来处理。

（三）半成品的成本核算

半成品是经过初步熟处理或腌制入味的原料。初步熟处理包含焯水、过油、蒸制、腌制（上浆、挂糊）等操作工艺，原料经过初步预熟加工以后，一般呈现半熟或者全熟状态，再经过烹调加热即可成为成品。例如，油炸的豆腐、过油的土豆、焯水的各种蔬菜、上浆滑油与挂糊过油的各种食材。这些食材原料在成为净料后，已进行了初步预熟加工，半成品与净料的区别在于，半成品的加工过程中添加了调味料和辅助原料，因此必须在净料成本核算的基础上，进一步核算半成品的成本。

半成品原料分为无味半成品和有味半成品两大类。

（1）无味半成品的成本核算。

初步熟处理过程中未添加任何调味品与辅助原料的，称为无味半成品。其核算公式为：

$$无味半成品的单位成本=\frac{生料总值}{无味半成品质量}$$

例题：

食堂购进卤水豆腐 20 千克，进价为 6.5 元/千克。经蒸制晾凉后得到熟豆腐 16 千克，求熟豆腐的单位成本是多少？

$$解：无味半成品的单位成本=\frac{生料总值}{无味半成品质量}$$

$$熟豆腐的单位成本：\frac{20\ 千克\times 6.5\ 元/千克}{16\ 千克}\approx 8.13\ 元/千克$$

答：熟豆腐的单位成本是 8.13 元/千克。

(2) 有味半成品的成本核算。

原料在初步熟处理过程中添加了调味品和辅助原料，由此加工而成的半成品就称为有味半成品。其核算公式为：

$$有味半成品的单位成本=\frac{生料总值+调料总值+辅助料总值}{生料总质量}$$

例题：

食堂制作“糖醋里脊”需要猪里脊肉 20 千克，其单位成本为 18 元/千克；里脊肉加入精盐、料酒、葱姜、生抽腌制入味总价为 3.2 元，挂糊需要面粉、淀粉总价为 1.2 元，挂糊油炸消耗油 0.8 千克，其单位成本为 16 元/千克。求糖醋里脊半成品的单位成本是多少？

解：

① 生料总值：20 千克×18 元/千克=360 元

② 调味料总值：3.2 元+0.8 千克×16 元/千克=16 元

③ 辅助料总值为 1.2 元

$$有味半成品的单位成本=\frac{生料总值+调料总值+辅助料总值}{生料总质量}$$

$$糖醋里脊半成品的单位成本：\frac{360元+16元+1.2元}{20千克}=18.86元/千克$$

答：糖醋里脊半成品的单位成本为 18.86 元/千克。

半成品的成本核算只需将实际使用的半成品质量与单位成本相乘，就可以计算出实际的半成品消耗成本。公式为：

半成品的原料成本=消耗半成品质量×单位成本

这里需要注意的是，对于单一产品使用的调味品数量极少，甚至无法用数据去标识。例如，腌制肉馅时加入香油几滴或者少许香油，这种情况无法用数量计算，但又不能忽略不计，一般只能靠估计金额计入成本。一个单一产品有时需要多种调味品，且价值无法用数量计算，因此，在单一产品里调味品的成本大都是估量作价的。另外，厨师在腌制和制作产品时直接取用调味品，无法用计量器皿计量其使用量，所以只能采用“估量法”核算。然而在食堂产品制作和半成品制作中，调味品数量是完全可以计量的，因此，调味品成本核算是不可以完全靠估量法的。能够计量的一定去计量，确实无法计量的也可以借鉴估量法计量。

（四）调味品成本核算

调味品成本核算与原料成本核算有所不同，原因在于调味品购进时都是规格化的流通商品，可直接使用，无须计算其单位成本，按照商品规格指标与使用量计算出使用成本就可以了。根据厨房生产模式，有两种调味品核算方式，分别是单一产品模式和批量生产模式。

1. 单一产品的调味品成本核算

单一产品的调味品成本核算，只需将单一产品需要的各种调味品的成本逐一相加。核算公式为：

单一产品的调味品成本=调味品 1 成本+调味品 2 成本+调味品 3 成本……

例题：

食堂制作一份“糖醋里脊”，糖醋汁需要白糖 8 克估价 0.4 元，醋 10 克估价 0.6 元，酱油 3 克估价 0.2 元，湿淀粉 12 克估价 0.2 元，热油 10 克估价 0.32 元。求一份糖醋里脊的调味品成本是多少？

解：

① 单一产品的调味品成本=调味品 1 成本+调味品 2 成本+调味品 3 成本……

② 糖醋里脊的调味品成本=0.4 元+0.6 元+0.2 元+0.2 元+0.32 元=1.72 元

答：一份糖醋里脊的调味品成本是 1.72 元。

2. 批量生产的调味品成本核算

批量生产是食堂主要的生产模式，一次性投料数量大，调味品的使用也是大批量的。相对而言，批量生产产品对于投料比例要求是十分严谨的，对于调味品更是如此，一旦比例失调，就可能引发严重的生产事故。因此，批量生产中调味品的使用需精准，成本核算也同样需严格与精准。批量生产后的出售服务模式还是回归到单一产品上来的，所以批量生产产品的调味品成本是以单位成本来呈现的。核算公式为：

$$\text{批量产品的调味品单位成本}=\frac{\text{调味品总值}}{\text{生产数量}}$$

例题：

食堂制作“红烧排骨”200 份，需要精排 120 千克。调味品有花生油 1.5 千克，单价为 16 元/千克；白糖 1.2 千克，单价为 12 元/千克；酱油 1.5 千克，单价为 12 元/千克；其他调味品估价为 5.6 元。求每份红烧排骨的调味品单位成本是多少？

解：

① 各种调味品总值=1.5 千克×16 元/千克+1.2 千克×12 元/千克+1.5 千克×12 元/千克+5.6 元=62 元

② 按核算公式：批量产品的调味品单位成本=$\frac{\text{调味品总值}}{\text{生产数量}}$

③ 每份红烧排骨的调味品单位成本：$\frac{62\text{元}}{200}$=0.31 元

答：每份红烧排骨的调味品单位成本是 0.31 元。

二、食堂产品成本核算

食堂产品由主料成本、配料成本、调味品成本三部分组成。主料与配料都是以净料的形式运用于产品，所以核算主料成本和配料成本时，采用净料成本的核算方式即可。

食堂产品由主食和副食组成，主食包含面食和点心两种形式，副食包含凉菜和热菜两种形式，这些在产品成本里统称为菜单成本。菜点的生产模式有两种，即单一菜点产品和批量菜点产品。

1. 单一菜点产品成本核算

单一菜点成本的核算方法是将主料成本、配料成本、调味料成本逐一相加。其核算公式为：

单一菜点成本=主料成本+配料成本+调味料成本

例题：

食堂制作一份“辣椒炒肉”，需要净猪肉 0.2 千克，进价为 26 元/千克，净尖椒 0.5 千克，进价为 6.8 元/千克，葱姜等配料估价为 0.60 元，调味料估价为 0.65 元。求一份辣椒炒肉的成本是多少？

解：

① 按核算公式：单一菜点成本=主料成本+配料成本+调味料成本

② 辣椒炒肉的成本：0.2 千克×26 元/千克+0.5 千克×6.8 元/千克+0.60 元+0.65 元=9.85 元

答：一份辣椒炒肉的成本是 9.85 元。

2. 批量菜点产品成本核算

批量菜点成本核算要求把所有选用原料的单一成本核算出来，再逐一相加得出批量菜点产品总成本，除以产品数量。其核算公式为：

$$批量菜点的单位成本=\frac{批量菜点耗用原料总成本}{菜点数量}$$

例题：

食堂制作“炸面包圈”200 份，需要高筋面粉 7.5 千克，进价为 2.8 元/千克；花生油 2.5 千克，进价为 16 元/千克；调味料成本为 32 元，求每份面包圈的单位成本是多少？

解：

① 面包圈的总成本：7.5 千克×2.8 元/千克+2.5 千克×16 元/千克+32 元=93 元

② 按核算公式：$批量菜点的单位成本=\frac{批量菜点耗用原料总成本}{菜点数量}$

③ 每份面包圈的单位成本：$\frac{93元}{200}=0.47元$

答：每份面包圈的单位成本是 0.47 元。

三、食堂产品价格核算

食堂产品价格管理是指通过一系列制度和措施，确保食堂产品的价格合理、公正、透明，进而保障消费者的合法权益，提升食堂运营管理的质量和服务品质。

（一）影响产品价格的因素

食堂产品价格核算，即计算食堂所提供的产品（如菜品等）应该制定何种价格的过程。这一核算需要考虑多方面的因素：

1. 成本因素

（1）直接成本。即产品成本，指食堂生产加工过程中所需的原材料、辅料和调料的成本支出。食堂产品成本核算的是原材料成本而不计算其他成本。例如，蔬菜、荤料、粮油类、调料等，这些是构成食堂产品价格的基础部分。因为食堂需要在收回这些成本的基础上制定价格来确保盈利或者达到收支平衡。

（2）间接成本。其包括生产运营过程中除原材料费用以外的成本，如燃料、水、电费用、人工工资、固定资产折旧、管理费用、设备维护费用以及行政管理费用等。这些间接成本也需要分摊到每个产品中，在价格核算时不可忽视，因为它们是食堂运营所必须支出的部分。

2. 市场与经营因素

（1）市场定位。如果食堂定位为高端消费场所，价格核算时会考虑在成本基础上预留较多的利润空间，以提供更优质的菜品和服务；若定位为大众食堂，则要以实惠的价格吸引顾客，价格应尽量贴近成本并保持较低的利润空间。

（2）竞争环境。如果周边存在较多的食堂或餐饮场所竞争，在价格核算时就需要参考竞争对手的价格，可能需要适当降低价格或者提供更多性价比高的菜品组合来吸引顾客。

（3）经营目标。如果食堂希望短期快速回笼资金，可能会在价格核算时略微提高价格；若追求长期稳定经营，薄利多销，价格则会相对较低且稳定。

3. 其他因素

（1）顾客接受度。要考虑顾客对价格的接受程度，根据食堂服务对象（如学校学生、企业员工等）的消费能力和心理价位来核算价格。例如，在学校食堂，学生的消费能力有限，价格过高会导致顾客流失，所以价格核算要符合学生的消费水平。

（2）政策法规。某些地区可能对食堂价格有相关的政策限制或者指导价，食堂在价格核算时必须遵循这些规定。

（二）食堂产品价格核算的方法

1. 成本毛利率法

又称外加法、加成法，它以耗用原料成本为基数，依据定义的毛利率计算销售价格。核算公式为：

$$销售价格=原料成本\times(1+成本毛利率)$$

例题：

食堂制作菜品 200 份，使用原料一 205 千克（30 元/千克）；原料二 1.5 千克（80 元/千克）；原料三 0.75 千克（60 元/千克）。如果成本毛利率为 150%，求菜品的单位售价。

解：① 菜品总成本：205 千克×30 元/千克+1.5 千克×80 元/千克+0.75 千克×60 元/千克=6315 元

② 菜品单位成本：$\frac{6315\text{ 元}}{200}=31.575$ 元

③ 菜品单位售价：31.575 元×（1+150%）= 78.94 元

答：菜品的单位售价是 78.94 元/份。

2. 销售毛利率法

又称内扣法、毛利率法，它以销售价格为基数，依据定义的毛利率计算销售价格。公式为：

$$销售价格=\frac{菜品原料成本}{1-销售毛利率}$$

例题：

食堂制作豆沙包，用面粉500克(3元/千克)制作20个豆沙包皮，用300克豆沙(6.8元/千克)做馅，如果销售毛利率为45%，求豆沙包的单位售价。

解：① 豆沙包的单位成本：$\frac{3元/千克\times0.5千克}{20个}+\frac{6.8元/千克\times0.3千克}{20个}=$ 0.177元/个

② 豆沙包的单位售价：$\frac{0.177元/个}{1-45\%}=0.32元/个$

答：豆沙包的单位售价是0.32元/个。

3. 系数定价法

系数定价法需要参考同地区、同档次、同类型的餐厅菜品价格和成本，通过一个定价系数来确定销售价格。公式为：

$$销售价格=成本\times定价系数$$

例如：

如果一道菜品的成本是5.5元，定价系数是3.05，则：

$$销售价格=5.5元\times3.05=16.775元$$

食堂产品价格核算常规使用的方法是成本毛利率法与销售毛利率法，系数定价法很少使用。产品价格核算的具体应用在后面的章节有详细的叙述，在这里不过多展开。

第二章
食堂生产成本管理

在食堂生产管理的架构中，每一个流通环节、每一个生产工艺、每一个管理部门，甚至生产现场每一位岗位操作者，都能参与到成本管理中。同时，将食堂成本管理的科学性与精细化相结合，才能够使经营管理的目标与企业管理的目标保持一致。食堂全面推行成本管理体系建设，要求体现全员参与、全面精细管理、全过程监管与控制，而且要将科学性管理、主动性管理、一致性管理融入整个企业管理体系。

因此，食堂全面成本管理体系就是以成本管理的科学性为依据，建立全员参与、覆盖企业管理运营全过程的，全面精细化与规范化、系统化的成本管理体系。调动全员参与的积极性，发挥企业员工的管理智慧，发挥全员主动性，让各部门员工主动形成成本管理意识，在各个环节提升经营成本管理效果，使经营管理人员与员工都具有降低成本的意识，力求在最低成本的状态下，进行生产管理与组织运作。

食堂成本管理要"以人为本"，充分发挥职工的生产节约潜力，并调动职工参与的积极性、创造性和主动性。实现企业经营利益与员工利益一致的愿景，企业只有获取利润，才能生存，并增加投资，扩大生产经营规模，以求得发展，广大职工的利益才能得到保障。因此，必须将全体员工都动员起来，真正做到全员具备成本管理意识与智慧，形成全员抓成本的管理氛围。从宣传发动工作抓起，加强成本与市场、成本与效益、成本与产品竞争能力、成本与员工利益等方面的宣传教育，使职工真正树立成本竞争观、成本效益观，更好地推行全面成本管理，提高企业经营效益。

食堂生产成本就是与生产产品相关联的采购、储存、生产加工所形成的成本。

1. 采购成本

采购成本是指采购原材料和其他物品的过程中发生的相关费用，其中包括采购订单费用、流通费用、采购人员的行政管理费用等。

2. 储存成本

储存成本指货物在储存期间所发生的相关费用。其成本包括固定性储存成本和变动性储存成本两部分。固定性储存成本是指不因存量高低和储存时间长短而变动的成本费用，例如，储存空间的固定资产、人力资源成本、固定性能源消耗等；变动性储存成本指随存量高低和存储时间长短变动而变动的成本，例如，储存货物的自身消耗和与存量相关的能源费用等。在存货决策时，一般只考虑与存量相关的能源费用和货物的自身消耗。

3. 生产加工成本

生产加工成本是从原料加工到产品成熟各个环节消耗的原料成本。包含原料初加工、初步熟处理与烹调成熟三个部分的成本消耗。这些成本也是产品成本的主要组成部分，即原料加工成本(净料率)、半成品成本、烹调产品成本。食堂产品成本只核算原材料的消耗成本，不计算其相关的其他成本，如燃料、能源消耗以及流通成本等。

第一节 采购成本管理

采购成本是食堂生产过程中的首要管控环节，采购过程决定着原料的价格，而采购质量直接影响产品成本的高低，因此，采购成本的管控也顺理成章地成为生产成本控制的首要环节。在此环节中，采购标准、采购程序、采购过程是采购成本控制的三个关键节点。

一、采购标准

食堂采购标准是根据产品的质量标准与规格要求，以书面形式对原料购进的价格、规格、产地、品牌及质量要求做出的明文规定。

采购标准是由生产管理人员、生产技术负责人、采购管理人员共同制定的，生产管理人员提出生产质量标准要求，生产技术负责人提供采购原料的具体技术指标，采购管理人员提供市场供货信息。

采购标准制定的基础是食堂产品的标准食谱。

1. 制定采购标准

标准食谱是以菜谱的形式，列出菜品配方、原料，规定操作程序，明确装盘形式、盛器规格，指明菜肴的质量标准，标注该份菜的可用餐人数和成本的菜谱，实际上是产品质量、采购质量与成本控制的依据和指标。标准食谱在采购标准制定中的作用：

（1）标准食谱是制定采购标准的依据。标注原料的规格属性、产地、价格、数量标准。原料价格是直接影响成本高低的首要因素，原料规格与产地是产品质量保障的重要因素，原料数量会影响采购成本与储存管理。

（2）标准食谱为采购标准提供原料的质量要求标准。产品原料的质量标准主要包括原料的食品安全指标和原料自身质量指标；采购原料的食品安全指标依据《食品安全管理法》，原料自身质量标准则是以除规格要求以外的新鲜程度为计数的质量指标，如针对原料的新鲜程度、保鲜日期以及储存时限做出的具体要求。

（3）标准食谱为采购标准提供产品的成本指标和就餐人数。标准食谱的成本指标是采购成本控制的首要数据之一，按照日食谱、周食谱累计计算采购数量与采购成本，是保障生产与成本控制的关键指标。

2. 采购标准的内容

采购标准的内容包含原料名称、产品规格、原料产地、质量标准（新鲜指标）、参考价格、采购渠道等。采购标准按照原料类别分别制定，如禽畜肉类、水产鱼类、调味品类、米面粮食、食用油类、蔬菜水果等。

3. 采购标准与产品成本的关系

采购标准是产品成本控制的首要环节，是实施采购的准绳，同时也是原料的验收标准。采购标准执行的严谨程度，会直接影响到产品的质量与服务品质，以及产品成本的高低与出品率。

采购标准与产品成本之间的关联具体表现在以下几个方面。

（1）采购质量决定着原料的净料率和原料投入成本的高低。原料的净料率直接决定投料成本的高低，虽说净料率与加工精细度有关联，但是，如果原料采购质量低下，即使加工技术再精细也无法提升净料率。例如，1000 千克土豆，按照净料率 80%应该得到 800 千克净土豆，如果采购的土豆有破损或表皮霉烂现象，净料率不足 60%，那土豆的出品就不足 600 千克，二者之间的差距不言而喻。

（2）采购原料的规格与产地决定着产品的质量标准。产地与规格体现了原料的品质特点，是产品质量与特色风味的保障。例如，制作“鱼香肉丝”采用的郫县豆瓣酱是必备的调味料，但是，采用一般的辣椒酱替代“郫县豆瓣酱”会直接改变鱼香肉丝的风味特色，同时，投料失败会导致出品不达标，造成资源浪费，成本损失不言而喻。

（3）采购原料的品质与产品用料标准存在不可分割的联系。原料的用料规格与品种、类别与产品成本之间存在直接联系，用料失准会直接造成成本的提升。例如，红烧茄子应该采用肉质紧实的圆形紫色茄子，结果采购了近似圆形的海绵茄子，前者出品率是90%，后者是70%，二者之间存在20%的差距。这不仅使成本相对提高了20%，同时菜肴质量也受到了严重影响。

（4）采购原料质量决定着储存管理的质量与仓储成本的高低。采购方式一般有批量采购和零星采购两种。其中批量采购的质量会直接影响原料的储存期限与质量。这里有两个关键的问题，一是采购数量与储存成本的关系，二是采购质量对储存成本的影响。采购数量过大会造成一定时间段内的库存积压，导致资金周转紧张，提高了资金投入成本。采购质量不达标的原料进入库房，在储存期内会出现质量变化，斤两缺失严重，从而造成成本提高。例如，市场生姜价格攀升导致货源紧张，食堂一次性购进生姜500千克，由于生姜水分过大加之储存时间过久，出现腐烂变质损失100千克，使其成本直接攀升30%。

采购标准是采购过程中务必严格遵守的原则与标准，无论是批量采购还是零星采购，采购依据的必然是采购标准。采购标准是成本控制过程中的首要因素之一，其中标准食谱的基础要坚实，且需具有技术支撑和实践印证。采购标准所提供的数据和指标应具有实用性和科学性。采购人员在实践操作中要根据市场、季节、产品的变化，调整相关的数据和质量指标。

二、采购程序

对于采购程序，不同企业采取的管控措施不同，食堂的采购程序一般为采购申请、采购审批、财务审核、实施采购四个环节。按照采购方式划分为集中批量采购程序、市场零散采购程序、零星采购程序。

（一）集中批量采购程序

食堂对于使用量较大且耐储存的原料，根据产品需求采取集中批量采购的方式。如冰鲜水产品与禽畜肉、面粉、大米以及部分调味品等。这种方式采购量大，一般通过源头采购减少采购环节，降低采购成本和价格，从而达到降低产品成本的目的。其采购程序为：

采购计划→采购审批→财务审核→实施采购

1. 采购计划

采购计划是指食堂采购管理人员在了解生产需求和市场供求情况后，在认真分析生产相关信息与市场供货信息的基础上，针对一定周期内物料采购管理活动所做的安排和部署。生产管理部门（采购配送部）在周食谱、月食谱的基础上，根据生产周期制订食堂的日采购计划、周采购计划以及月采购计划。集中采购计划要根据原料属性类别来分别制定采购周期，同时要考虑到采购资金的储备情况、厨房原料耗用的数量以及储存空间与期限。

2. 采购审批

采购计划制订完成后由相关的部门主管审阅，主要审查采购科目中的产品规格、数量、质量指标、拟定供应商协议等，审核没有问题后签字确认。这里的主管部门是指采购配送中心或者生产主管部门，部门主要负责人参考采购标准与采购合同对各项指标进行审查。

3. 财务审核

采购计划提交财务部门，财务部门对采购计划中的采购数量、价格与资金进行审核，依据财务储备资金与付款期限以及现有库存数据做出审核，审核中若发现有关差异，需回执计划并做出相应调整，再次审核并签字确认。审核由财务管理人员负责，最后由财务主管签字确认。

4. 实施采购

采购计划审核通过后由采购部门负责实施。采购过程有选定供应商、洽谈采购合同、采购合同签约、实施采购。同类产品一般选择 2~3 家供应商，目的有两个，一是随行就市，货比三家能够很好地控制市场采购价格；二是以备采购原料供应紧缺时，拓宽采购渠道。

（二）市场零散采购程序

食堂市场零散采购是指对于在集中采购目录以外且采购额度标准高于集中采购的货物，自行组织或委托市场指定供应商组织进行采购的一种模式。此类采购属于大宗采购范畴，其特性：一是一次性采购数量较大；二是物料不宜久存，适合在当地市场采购；三是同一品类物料，需要从不同供应商那里实施采购才能够达成采购量。

零散采购与集中采购在公司采购的大框架下是相同的，均需遵循公开、公平、公正和诚实信用的原则，采用的采购方式也相同，如公开招标、竞争性谈判、市场询价、签订采购合同等。其采购程序为：

确认采购项目→采购申请→确认采购渠道→采购审批→实施采购

1. 确定采购项目

食堂适合零散采购的物料有蔬菜类、水果类、蛋奶类、豆腐类、鲜活的水产品(活鱼、虾、贝类)、散装的调味品等。这些物料一般储存期较短，需要当天采购或者采购量可供使用不超过三天。

2. 采购申请

食堂零散采购物料由厨房主管根据产品需求提出采购申请。采购申请需要依据一周运营食谱来制定采购品类和数量，采购申请提交财务和采购部门。

3. 确认采购渠道

采购部门根据采购申请，在当地市场寻找货源并询价，掌握市场的货物储存量和通货渠道。然后有针对性地开展供货洽谈，确定适合的供应商后提交财务审核，最终签订供货合同。

4. 采购审批

采购部门市场询价、确定供应商以后制订一周采购计划或月采购计划，提出采购申请，由采购部主管审批，再由公司财务和主管领导审批后进行市场采购。

5. 实施采购

采购申请批复以后，向分散在市场的各类供应商实施采购。采购过程要不定时进行市场调研、询价掌控市场供货情况，若出现物料价格浮动或者是供货不及时等现象，需要及时调整采购渠道，重新指定供应商。

（三）市场零星采购程序

食堂市场零星采购是指在集中采购目录以外且在采购限额标准以下的货物，自行组织采购或委托市场指定供应商组织实施采购的一种模式。这种采购模式也叫作“应急采购”，即有时为满足服务需求会更改食谱，此时会出现一些当日不在采购范围内的物料，或者是因市场因素物料没有及时采购到位，需采取补救措施，立即实施应急采购。再者就是临时新增生产任务需要采购新的物料。无论哪一种情况都需要在当下立即处置，实施采购才能够保障生产任务的完成。

这里需要进一步说明，零星采购需要在生产部门(食堂)设置一笔应急采购资金，食堂财务规定一个应急采购资金额度。零星采购资金一般分为高、中、低三个档次，高的在2000~3000元，中的在1000~2000元，低的在500~1000元。零星采购程序为：

实施市场采购(开具采购发票)→验收入库→财务报销→补充采购资金

1. 实施市场采购(开具采购发票)

实施市场采购有两种情况，一种是供应商能够开具发票，另一种是供应商不能够开具发票。第一种情况需要做到货票同行，按照财务报销流程实施报销即可；第二种情况需要供应商提供规范的采购收据，同样做到货单同行，验收入库后，采用验收单连同采购收据入账报销，严格执行财务审核报销流程。

2. 验收入库

零星采购物料一定要严格执行验收入库制度，物料坚持三人签字验收制度(采购人、使用人、仓库保管员)。此时的采购验收一般是直接出库到生产一线(食堂厨房)，所以物料验收后再由仓库保管员填写入库、出库单也是符合财务规定的。

3. 财务报销

按照财务报销流程，由生产部门的报账员实施财务报销，票据审核与签字流程严格执行应急采购报销流程即可。

4. 补充采购资金

生产部门的报账员将零星采购发票进行报销后，报销金额直接补充到零星采购资金中即可。

三、食堂采购流程管理

采购流程管理是食堂成本管理中最重要的环节之一，是实施采购活动监管的依据。采购流程不因采购来源、采购方式、采购对象的不同而发生变动，因此采购流程的设计是十分重要的。企业规模越大，采购金额越大，更要重视采购流程的设计与管理。采购流程的设计应该严谨规范并遵循实施、监控、反馈、优化程序。一般采购流程包括采购计划、采购认证、采购订单和管理评价四个环节。

一是采购流程的环节应该与采购物品的数量、种类和区域相匹配，流程的环节过多会增加采购成本，进而影响厨房生产，降低工作效率；流程的环节过于简单，则会导致采购过程失去控制。

二是采购流程要保持它的规范性和严肃性，避免同一采购文件在不同部门有不同的执行标准；避免同一采购文件参与的审核程序过于烦琐而影响工作效率。

三是明确采购任务与参与人的权利和责任，以及监督管理的办法与措施；要坚持严格的流程管控原则，防止偶然事件引发不必要的摩擦、重复与混乱，如“紧急采购”等。

四是采购流程的设计应该由采购、厨房、财务管理等相关人员集中研究决定。一个完整的采购作业流程应该包括发现需求、编制采购计划、选择供应商、拟定采购订单(采购合同)、跟催货物、验收货物、支付货款和更新记录。其主要措施如下。

1. 采购需求管理

采购需求是指对采购标准与特征进行阐述。要实施采购就一定要搞清楚采购需求，好的采购需求能够合理、客观地反映采购标准的主要特征以及所需的供货信息，符合适用原则、非歧视原则，并能够切合市场实际。

采购需求管理有狭义与广义之分。狭义的需求管理主要指编制需求的过程。广义的需求管理包含编制、审核、执行、反馈、评价等内容。需求是采购活动的目标，影响着整个采购活动的质量，可以说采购活动就是落实需求的过程。因此，从采购全过程管理的角度来看，食堂采购需求管理包含上述广义需求管理的各项内容，最终解决买什么、买多少、何时买、怎么买、买的效果好不好等问题。

食堂采购需求是基于食谱形成的采购标准，包含名目、数量、规格、质量、价格以及产地与品牌要求。这些因素不仅与产品质量关联密切，还影响着采购成本的高低。在前文已经有明确的阐述。

2. 采购计划管理

食堂在采购预算范围内，根据日常伙食标准和成本预算，制订食材采购计划。财务按照协议约定的结算周期，以配送采购周期或按月支付的方式计算采购款项，并根据原始凭证与供应商核对账目。双方会计对账无误后，财务中心根据公司相关规定进行结算付款。若供应商提供发票，将按照发票面值结算。

第一，要对物资进行分类，将商品和服务区分开来(一般而言，商品和服务由于需求的频率、稳定性和采购周期不同，需要分别制定采购策略），然后再将长期通用和季节性的物资区分开来，这有助于我们后期制定采购周期。

第二，要对不同物资的日用量与月用量进行汇总与分析，通过以往的统计数据进行平均，或者加权平均，得到相对可信的平均日用量。

第三，要根据供应商的到货周期，为不同物资制定采购周期。这是一项需要大量市场调研和运营来验证的工作，同一种物资，不同供应商的到货周期可能不同；同一个供应商，不同物资的到货周期也会有所差异；同一种物资，进口和国产的，本地采购和外地采购的，周期也不同。我们不能只关注一个点，不能完全因供应商而异，也要尊重供应商的实际情况，制定一个既能实现稳定供货，又不会过于烦琐的采购周期表。

第四，设定最小请购量。最小请购量受最小使用量（生产量）的制约。因此，需要了解每一种物资的最小订货量，再结合最小订货量和采购经济性设定最小请购量。

第五，设定安全库存量。为每一种或者每一类物资设定合理的安全库存量，主要是明确每一种库存物料的使用周期，也就是最低库存量，绝不能因为采购库存而影响到生产。

第六，确定请购周期。确定是一个月采购一次，还是半个月采购一次，这取决于内部生产的需求、库存周转率、行业交易习惯、采购部的采购能力等因素。食堂采购周期通常较为稳定，因为食堂的服务客流量十分固定，因此食材采购周期主要考虑物料的储存期限与供应周期。

第七，制定采购计划表。将物资编码、物资名称、最小请购量、采购周期等内容填入结构化表格，再预留请购日期、请购数量、审核数量、期望到货时间（交货日期）等，编入采购计划表即可。

3. 供应商管理

采购供应商管理制度是为了维护采购市场秩序，防范采购风险，规范供应流通行为，确保采购工作公开、公平、公正而制定的。该制度要详细规定供应商管理细则、资格要求、市场准入条件以及供应商的权利和义务。申请取得采购供应商资格需满足一系列条件，如具有合法的法人资格、良好的商业信誉、履行记录等。

食堂将所需物料信息提交给采购人员，由采购人员负责联系供应商，供应商只接受公司采购人员的采购指令，食堂不能自行联系供应商。如出现公司采购人员不知情的自采行为，采购人员有权拒绝在送货单上签字，且费用不予报销。

（1）供应商征信管理。采购部门负责对供应商实行管理，包括资质鉴定、信用等级评价等。通过评定信用等级，建立供应商目录，并根据等级实施不同的管理策略。

（2）供应商产品质量水平和交货潜力评定。产品质量水平评定包括物料来件的优良品率、质量保证体系等。交货潜力评定涵盖交货的及时性和扩大供货的弹性等。

（3）供应商的优选管理。在食堂单位的采购中，首要考虑的是采购的安全管理问题。因此，在采购时需要对供应商进行严格筛选，要求供应商出具相关的经营许可，确保其具备国家政策与法规要求的各种审查资质等。还应详细了解供应商的配送车间环境、合作的第三方检测公司等。此外，需确认供应商是否具备对应的食材溯源系统及具体的检测文件。了解到这些内容之后要做相关的资料整理，同时进行对应的考察。遵循“货比三家”的原则，同等产品比质量、同等质量比价格、同等价格比服务，追求质优价廉。公开采购信息，严格遵循“三公”制度，即公平、公正、公开。

通过定期或不定期地对供应商进行评价，对不合格的供应商解除合作协议，确保供应链的安全性和稳定性。

（4）供应商双赢关系模式。在供应商管理中，存在传统的竞争关系和合作性关系（双赢关系）。前者侧重于价格驱动，后者则强调通过建立相互信任的关系提高效率，降低交易成本。双赢关系对于实施准时化采购至关重要，有助于加强供需之间的联系与合作，提高供应商的应变能力和制造商的管理水平。

（5）供应商信息交流管理。食堂加强与采购供应商、食品加工厂家之间的信息交流，对采购管理而言是十分必要的。通过经常进行有关成本、作业计划、质量控制信息的交流与沟通，能够做到及时修正采购计划和采购标准，确保生产质量符合标准、生产成本控制在合理标准内。

4. 采购合同管理

采购合同是食堂与采购供应方经过谈判协商达成一致后签订的明确供需关系的法律性文件，是合同双方都应遵守和履行的共同信誉基础。签订合同的双方都有各自的经济目的，采购合同是经济合同，双方受相关法律法规的保护，并需承担相应的法律责任。

(1) 合同签订的原则。

首先，合同的当事人必须具备法人资格。这里的法人，指的是具有一定的组织机构，能够独立支配财产，独立从事商品流通活动或其他经济活动，享有权利并承担义务，依照法定程序成立的组织。委托别人代签，必须要有委托证明。

其次，合同必须合法，即必须遵照国家的法律、法令、方针和政策签订，其内容和手续应符合有关合同管理的具体条例和实施细则的规定。

最后，签订合同必须坚持平等互利、充分协商的原则。

(2) 采购合同签约内容。公司采购合同的条款构成了采购合同的内容，应当在力求具体明确、便于运营执行、避免不必要纠纷的前提下，具备以下主要条款。

第一，物料的品种应具体，避免使用综合品名。商品的规格应具体，规定颜色、式样、尺码和牌号等；商品的数量应按国家统一的计量单位标注。必要时，可附上商品品种、规格、数量明细表。

第二，商品的质量和包装，合同中应规定商品所应符合的质量标准，注明是国家标准或已颁布的标准；若无相关标准的应由双方协商凭样订(交)货；对于副品、次品应规定一定的比例，并注明其标准；对实行保换、保修、保退的商品，应写明具体条款；对于商品的包装方式、使用的包装材料，包装式样、规格、体积、质量、标志及包装物的处理等，均应有详细规定。

第三，商品的价格和结算方式。合同中对商品的价格要作具体的规定，规定作价的办法和变价处理等，以及规定对副品、次品的扣价办法；规定结算方式和结算程序。

第四，交货期限、地点和发送方式。交货期限(日期)要按照有关规定，并考虑双方的实际情况、商品特点和交通运输条件等确定。同时，应明确商品的运输方式是送货、代运，还是自提。

第五，商品验收办法。合同中应具体规定商品数量和质量的验收办法、期限和地点。

第六，违约责任。签约一方若不履行合同，必将影响另一方经济活动的进行，因此违约方应负经济责任，赔偿对方的损失。在签订合同时，应明确规定，供应者有以下三种情况时需支付违约金或赔偿金：

一是不按合同规定的商品数量、品种、规格供应商品。

二是不按合同中规定的商品质量标准交货。

三是逾期发送商品。若购买者出现逾期结算货款或提货、临时更改到货地点等情况，也需支付违约金或赔偿金。

（3）采购合同签订的管理。加强采购合同签订的管理，一方面，要对签订合同的准备工作加强管理，在签订合同之前，应当认真研究市场需要和货源情况，掌握企业的经营情况、库存情况和合同对方单位的情况，依据购销任务收集各方面的信息，为签订合同、确定合同条款提供依据。另一方面，要对签订合同过程加强管理，在签订合同时，要按照有关合同法规规定严格审查，使签订的合同合理合法。

（4）建立合同管理机构和管理制度，以保证合同的履行。企业应当设置专门机构或专职人员，建立合同登记、汇报检查制度，统一保管合同，监督和检查合同的执行情况，及时发现问题，采取措施，处理违约，提出索赔，解决纠纷，保证合同的履行。同时，加强与合同方的联系，密切双方的协作，以利于合同的实现。

（5）处理好合同纠纷。当企业的经济合同发生纠纷时，双方当事人可协商解决。若协商不成时，企业可以向国家工商行政管理部门申请调解或仲裁，也可以直接向法院起诉。合同履行情况的好坏，不仅关系到企业经营活动能否顺利进行，还关系到企业的声誉和形象。因此，加强合同管理，有利于树立良好的企业形象。

四、食堂仓库验收管理

食堂仓库验收管理要确保仓库物品质量、数量与规格符合生产需求，是成本管理的重要环节。通过规范的验收流程，可以有效防止次品或损坏品入库，确保仓库物品的安全和准确记录。食堂验收是物料进入企业的首个环节，此后物料所有的损耗都会影响到生产成本的高低，这个环节与采购过程密切相关，故此，将这部分内容划入采购成本管理。

仓库验收管理是指对进入仓库的物资进行接收、检查和确认的过程，以下是关于仓库验收管理的相关内容：验收职责、验收流程、验收问题处理、退货处理、填写验收凭据。

1. 仓库验收职责

明确存货的验收权和保管权，并分别授权给不同人员。验收员主要负责识别存货的质量并清点数量，仓库保管员主要负责进仓物资的日常管理。食堂验收需要仓库管理员、厨房指定的验收人员、市场采购人员共同参与。

（1）仓库管理员。需确保收货数量与订单一致，避免多收或少收；确保商品质量符合采购要求，防止次品或损坏品入库。务必遵循以下三个原则：

一是准确性原则，确保在规定时间内完成收货，避免延误。

二是及时性原则，确保收货过程中商品安全，防止损坏或丢失。

三是安全性原则，从采购部门或供应商处接收订单，了解收货要求；安排收货人员、设备和场地，做好收货准备。

（2）厨房指定的验收人员。负责对物料质量进行验收，包含核对物料的名目、规格、品牌，识别物料质量与品质。

（3）市场采购人员。与仓库管理员一起对货物清单、发票、货物数量及相关采购资料进行交接和认证。

2. 验收流程

物资验收须由仓库管理员、采购员、使用部门指定人员共同进行，严格把关，若发现有质量问题的物品，应拒绝验收入库。

（1）核对采购清单与供货价格。验收员应首先核对供货单位的名称与地址，以免错收和接收并未订购的货物。主要是核对价格，若价格高于“请购单”上的价格，验收员应询问供应商提价的原因，并将情况及时反映给财务部；若价格低于“请购单”的价格，验收员应仔细检查货物质量，验收合格，方可按此价格接收这批货物。

（2）检查供货数量。根据“请购单”对照发票（或送货单），通过点数、称重的方法，对所有到货的数量进行核对。数量检查应注意：一是若有外包装，应先拆掉外包装再称重或点数；密封容器中的食品原料可能存在短缺（米、油、洗洁精等）情况，因此，应称毛重。二是所有随发票或送货单送来的货物，都应有送货单或发票，验收员验收完毕后应在单据上签字。

（3）检查供货质量。根据“请购单”或采购规格标准所描述的要求进行质量检验，如质量不符合规定要求，验收员有权当即退货。

（4）填写货物验收记录。验收员在确定所验收货物的价格、质量、数量全部符合“请购单”或采购规格标准后，根据不同性质，进仓的原材料、物料用品类填写“收货记录”，直送需求部门的原材料、物料用品类分别填写“原材料直拨收货记录”或“用品直拨收货记录”；属低值易耗品填写“低值易耗品验收单”；属固定资产填写“固定资产验收单”。

（5）验收退货处理。若供应商送来的货物存在严重的质量问题或价格高于申请价格，若不退货，应由相关部门负责人签字；若决定退货，应在供应商发票或送货单上注明，并不予开具验收记录，退货后，应及时向采购人员报告，并及时采取补货措施。

3. 食品原材料采购索证管理

采购各类食品及原材料，供应商必须提供“三证”(即营业执照、税务登记证、卫生许可证)等证件。所供应的食品及其原材料必须符合国家有关食品卫生标准。其他物料需要索取相关证件：

（1）采购各种带有包装的食品，需向供应商索取生产厂家的食品卫生许可证及检验合格证明，检查包装是否符合相关标准。

（2）采购畜禽肉类、水产品食材，供应商需提供动物检验检疫证明，且产品需符合国家标准一级鲜度；果蔬类原料必须提供农药残留检测报告；豆制品必须有相关的产品检验合格证明。

（3）采购食品用消毒灭菌剂，供应商需提供省级卫生行政部门颁发的卫生许可证及卫生部门颁发的产品批件；采购食品用洗涤剂，供应商需要提供卫生行政部门认可的检验机构出具的检验合格证明。

4. 食堂仓库验收与成本管理的联系

仓库验收是仓库管理中的重要环节，主要涉及对购入物资的数量、质量和价格的确认。这一过程不仅确保了物资的正确性，还对企业的成本控制起着关键作用。

（1）成本差异分析。标准成本与实际成本的差异：标准成本是由实际成本和相关数据计算得到的平均成本；实际成本则是本期验收入库材料的实际支出成本。将成本差异分解成若干成本要素，并计算其对成本的影响，食堂可以了解自身经营状况，并及时采取相关措施进行调整和优化。成本差异的主导因素很大程度上源于原材料。

（2）验收环节的成本控制策略。食堂验收环节务必做好三个方面的控制。

一是物料数量控制：仔细检查购入原料的数量，确保与实际请购数量和发票数量一致。

二是物料价格控制：特别注意原料采购价格的检查，确保价格合理。

三是物料储存成本控制：应安排专人负责原料的储存保管工作，同时合理控制有权进入仓库的人数，以减少偷盗损失，降低储存环节成本。

（3）高效仓库管理对成本管理的影响。

食堂仓储高效管理要做到以下几点。

一是减少库存成本。确保仓库管理系统保持良性运转，实现精确的库存跟踪，避免过度采购导致库存积压。

二是提高空间利用率。优化仓库布局和货位管理，提升仓储效率。

三是避免货物损坏和浪费。借助规范仓储操作流程和定期盘点，及时发现并处理即将过期的库存货物。

四是提升供应链管理。高效的仓库管理流程有助于加强供货订单处理，提高货物供应链的响应速度。

五是优化决策，仓库管理的数据分析能为企业决策提供有力支持。

（4）实际验收入库与计划成本的关联。实际验收入库反映的是实际成本，而计划成本则是运营成本的预算，所以加强材料成本差异的考察，才能缩短实际成本与计划成本的差距。计划成本计价能够简化财务采购的管理工作，提高监督效率，考察采购流程中的短板，提高资金利用效率。

综上所述，仓库验收不仅是确保物资正确性的关键环节，也是企业成本控制的重要手段。通过精确的验收程序和有效的成本控制策略，企业可以实现库存成本的最小化，提高整体运营效率。

第二节　仓储成本管理

仓储是指利用仓储条件进行物品的入库、存储、出库的活动。仓是为存放物品而设置的建筑物或场地，是存放和保护物品的空间；储则是指对物品进行收存、管理、发放使用等行为。

仓储成本是指在物品储存、管理、保养、维护的过程中发生的各种费用，它体现为物流仓储活动中消耗的管理费用与物料损耗成本。仓储成本一方面包括仓库折旧、设备折旧、装卸费、货物包装材料费等的管理费用，另一方面是物料在仓储过程中自身的消耗费用。

仓储成本管理就是用最经济实用的方法实现储存的功能。所以，仓储成本管理的实质就是在保证储存功能实现的前提下，尽量减少不必要的储存投入，降低储存消耗。仓储成本是发生在商品储存期间的各种开销支出，一是用于仓储设备的投资和维护费用；二是储存货物的自然消耗成本；三是因货物存量增加所耗费的资本成本，一般称之为库存成本。

食堂仓储成本管理的内容有基本内容管理与物料仓储成本管理两部分。

一、食堂仓储成本的基本内容管理

仓储管理是对仓库中储存的物资进行有效运营，强化商品储存和保管的实效性管理。具体来说，仓储管理包括仓储资源获取、流程管理、安全管理等多项工作及相关操作。其目的是充分利用现有的仓储资源提供高效的仓储服务，包括对库存物品、仓库设施及其布局等进行规划、控制，衔接供应与需求。

（一）仓储成本管理的基本内容

食堂仓储成本管理主要涵盖仓储基本设施投入成本、仓储管理成本、仓储物料自身消耗成本、仓储资本投入成本四个方面。

1. 仓储基本设施投入成本

食堂仓储基础设施按照存储属性分为仓库、冷库两大类型；按照仓储功能分为主食仓库、副食仓库、杂品仓库；按照库房管理形式分为一级库和二级库。无论是什么样的仓储形式，都需要固定的房产、货物储存架、搬运工具等基础设施，特别是冷藏设施的投入巨大，如制冷设备与保鲜设施。

食堂仓储的基础设施与设备需要纳入企业固定资产投入管理，按照财务管理规定，采取周期性折旧处理的方式收回投入资金。例如，食堂建设 600 平方米的冷库，投入资金 30 万元，按照财务固定资产管理规定，每年 60000 元的折旧计入企业资产投资成本，5 年即可收回投资成本；每年 60000 元的折旧成本，分摊到每月为 5000 元，财务每月要按 5000 元的固定资产投入成本计入财务结算。除去库房设备投入以外的低值易耗品，如货物收纳盒、包装物、维护保养物品等，与其他低值易耗品一样按照损耗计入运营成本即可。

2. 仓储管理成本

仓储管理成本是在仓储管理过程中，针对库存物资的保管与维护所耗用的成本。食堂物资在仓储过程中的成本，包括水、电、暖消耗费用和货物搬运费用、设施维护与维修费用等。

（1）水、电、暖消耗费用。仓储管理中最关键的是库房温度与湿度的控制，其中水、电、暖是关键的保障需求，这些消耗在一般情况下是固定不变的，大型仓储需要储备应急电源以防应急使用。水、电、暖费用每月纳入运营成本中的能源消耗成本；若仓储与经营分开核算，则需要单独核算成本，分别计入各自运营成本。

（2）货物搬运费用。也称之为物流费用，库存物资在仓储过程中需要进行入库、出库、倒库等操作，这就需要租赁搬运设备和雇佣搬运工，此时的搬运租赁费和搬运工雇佣费要计入运营成本。例如，食堂冷库购进 5 吨黄花鱼，然而，冷库需要将部分冷冻货物调整才能够将新进的黄花鱼入库。因此，雇佣搬运工 5 人将冷库货物进行倒库调整，耗时半天，按照一天 500 元/人的用工标准，此次搬运费用为 1250 元，应计入本月的仓储管理成本。

（3）设施维护与维修费用。仓储空间的设备设施需要按照管理规定进行定期保养维护，一旦出现故障必须在规定时间内进行维修。例如，冷仓设备的制冷机组需要定期维护并更换制冷液；仓库的通风设备与循环系统也需要定期维护，一旦出现线路老化情况应及时更换，以防出现重大事故。这些设备设施的维修与维护费用通常是按月计入仓储成本。

3. 仓储物料自身消耗成本

物料损耗率是指在一定的保管条件下，某物料在储存保管期中，其自然损耗量与入库商品数量的比率，通常以百分比或千分比表示。合理的损耗率取决于商品的性质，例如，易干燥、风化、挥发、失重或破碎的物料会有不同的损耗标准。企业应尽量降低损耗率，并将其控制在规定的标准损耗率之内，以体现良好的保管工作质量。

食堂物料主要有米面粮食类、禽畜肉类、鱼虾水产类、蔬菜瓜果类、调料类等五大类型。不同的物料具有不同的属性特点，它们对于仓储时间与仓储空间的要求各有不同。故此，在仓储过程中，受时间、温度、湿度的影响，物料的质量会出现变化，这种变化被称为物料的自身消耗，物料的自身消耗值即物料消耗成本。

（1）米面粮食类仓储消耗成本。米面粮食类有一个共同的特点，即对温度和湿度的要求特别高，对仓储空间条件要求也特别高。这类物料具有自身的呼吸功能，呼吸过程中会产生一定量的二氧化碳，进而导致温度、湿度升高。久而久之，如果仓储空间的温度、湿度失控就会导致物料变质或者品质下降。在这个过程中，仓储空间的布局与管理会尽力控制温度与湿度的升高，但即便如此，随着仓储时间的变化这类物料也会出现一定程度的变化。因此，米面粮食类的仓储时间管理是最重要的，也是控制物料自身消耗成本的关键。

食堂米面粮食类物料仓储时间一般根据营业周期和仓储空间大小来决定，设置时间大都控制在一个月以内。一级库仓储期可稍长，但最好不超过一个月；二级库按照运营需求量，仓储时间控制在 1~3 天为佳。二级库的物料损耗自然计入产品成本，此处不再阐述。面粉、大米都是极其容易吸湿的，因此储存损耗一般为 0.1%。

（2）禽畜肉类仓储消耗成本。食堂禽畜肉类在食材使用中的比例一般为 20%，且采购价格较高，一般从源头大批量采购，因此禽畜肉类的仓储消耗也是比较高的。禽畜肉类仓储期间的自身消耗来自以下几个方面：一是禽畜宰杀后排酸期间的水分流失；二是冷藏期间肉质水分凝结，解冻后的流失量；三是仓储时间过长，肉质脱水、氧化、酸败造成的损耗。一般的冻肉储存保质期是 12 个月，而且一定要在零下 18℃以下的条件下保存。如果解冻后再冷冻，不仅会影响肉的口感、导致营养流失，还会使细菌大量繁殖，增加食品变质的风险。禽畜肉类冷存三天内损耗 2%~3%，冷藏一年损耗 5%。

（3）水产类仓储消耗成本。水产品在食堂的使用量占比约 15%，水产品包含种类较多，以鲜活和冷鲜两种供应方式为主。其中，鲜活水产品当天从市场采购直接进入生产厨房，当天损耗在 3%，如果需要活养仓储，每天的损耗在 8%~12%，所以不建议食堂采用这种方式。冷藏水产品是食堂采购的源头食材，一次性采购量较大而且是规格包装，此类水产品储存一年的损耗在 3%，因此建议食堂水产品库存期限越短越好。

（4）水果蔬菜类仓储消耗成本。水果蔬菜类占食堂使用量约为 30%，一般采购后直接进入生产厨房。这类原料水分含量大，且因自身呼吸作用会产生大量的热，仓储难度和损耗量都很大。蔬菜中，根茎类损耗较少，一般在 6%左右；叶菜类损耗较大，一般在 12%左右；水果的损耗一般在 6%左右。水果蔬菜的仓储期越短越好，当天消耗完是最理想的。

（5）调味料仓储消耗成本。调味品占食堂使用量在 3%左右，但相对于使用量来说，其存储量往往较大。调味品有固体调料、液体调料、干货调料三类，其中干货类会因为潮湿而影响使用质量，进而导致损耗增加；固体与液体类都有固定的使用周期，超出使用周期变质或者因为仓储空间不适变质都会产生损耗。固体与液体调味品的损耗在 1%左右，干货调味品的损耗在 0.5%左右，这些都会随仓储时间有所变化，调味品的仓储期一般以不超出半年为宜。

4. 仓储资本投入成本

食堂仓储资本投入成本是指库房仓储货物所占用资金的银行本金与贷款利息。食堂大批量采购的物料比较多，无论是物料源头采购，还是为应对市场物料价格变化而进行的储备性采购，都需要筹备一定的采购资金(几十万元甚至是上百万元)。食堂资金来自财务储备资金和银行贷款，财务储备资金是企业生产投资的专用于物料采购的资金，银行贷款是在专用储备金不足的情况下从银行借贷的资金。无论是财务储备资金还是银行贷款资金，按照金融利息比值计入库存成本即可。

(二) 仓储成本的结构

1. 储存保管费

包括储存设施养护、保管等费用，如货架、货柜的购置或维护费用，仓库场地的租赁费等。

2. 仓库管理人员的工资和福利费

涵盖固定工资、奖金、生活补贴，以及住房基金、医疗和退休养老支出等。

3. 折旧费或租赁费

自营仓库的折旧费和对外承包租赁的固定资产租赁费。

4. 装卸搬运费

货物入库、堆码和出库等环节产生的人工与物流费用。

5. 管理费用

包括仓库设备的保险费、办公费、人员培训费、流通管理费等。

6. 仓储损失

仓储成本主要包括空间成本、设备成本、劳动力成本和管理成本等。

(三) 仓储各项费用的确定

计算仓储成本时，需要分别计算材料费、人工费、物业管理费、储存管理费、营业外费用等。

1. 库存物料费

即库存物料成本。根据材料出入库记录中各种材料的领用数量乘以单价，将所得数额计入仓储成本。

2. 雇佣人工费

根据储存运营需求雇佣物流劳务人员，支付的人力费用计入仓储成本。

3. 物业管理费

包括水、电、气、房屋维护等费用，可以从安装在仓库设施上的用量记录装置获得相关数据，也可以按其他比例推算到具体的月份计入储存成本。

4. 储存管理费

从财务会计方面直接获取相关数据，可按仓库工作人员比例推算，并将结果计入储存成本。

5. 营业外费用

包括固定资产折旧、银行利息等。折旧根据仓库中设施设备确定的折旧方法计算，利息根据购置相关资产的贷款利率计算后，计入储存成本。

综上所述，计算仓储成本需要全面考虑各种费用，并采用适当的计算方法。同时，企业应该定期审核和优化成本结构，以确保其竞争力和盈利能力。

二、食堂物料仓储成本管理

食堂仓储物料成本管理包含物料入库管理、物料登计入账管理、物料仓储过程管理、物料出库管理、物料仓储盘存管理五个主要环节。

（一）食堂入库管理

食堂入库管理通常包括货单确认、货物数量与规格确认、物料摆放、增减卡更新四个环节。

1. 货单确认

食堂入库的第一步就是要做到“货单随行”。即仓储管理员要货物和采购发票同时接收。需要对到库的物资按照发票提供的相关数据一对一进行核对，确保其名称、数量与订单一致，并由检验人员确认质量合格后方可入库。库管人员要严格把关，对于与合同计划或请购单不相符的物资有权拒绝验收或入库。

2. 货物数量与规格确认

库管人员必须对每一个入库单的物料进行数量与规格的确认，确保登记入账的入库数量、规格与实际相符。如果有不符之处，需要追查原因。

3. 物料摆放

入库物料需要按照指定储位摆放，避免同一种物料分散存放。同时，要保持库房整洁，做到物资摆放整齐、库容干净整齐，材料清、数量清、规格标识清，并按区、按排、按架、按位定位存放。

4. 增减卡更新

货物增减卡要随时更新，包括进出数量、结存数量、出入库经手人等信息。

（二）入库登记入账管理

入库登记入账是储存管理中的重要环节，涉及将采购的商品或物料录入财务系统，并生成相应的凭证，进行账务处理。这一过程不仅要求准确记录货物入库的数量和金额，还需要确保信息的完整性，以便企业能够准确核算成本。

1. 入库登记入账的目的

（1）及时核算成本。通过精确记录入库商品的数量和金额，企业能够在第一时间准确地核算成本，为财务核算成本提供第一手数据。

（2）控制财务风险。入库登记有助于及时发现和处理采购、验收、储存过程中的潜在问题。例如，库存积压过大引起的资金周转问题等。

2. 入库登记入账的具体步骤

（1）建立入库单据。在商品到达仓库时，应立即建立入库单据。入库单据包含商品的名称、数量、单价和入库日期等关键信息，作为记录入库信息的依据。

（2）做好相应的凭证。完成入库操作后，需要及时准确地填写相应的财务会计凭证。这包括将入库商品的数量和单价相乘，得出入库金额，并将该金额计入库存账目，同时计入相应的成本费用科目。

（3）登记出入库账。将单据凭证记录在出入库账上，对出入库商品的数量和金额进行记账，并将这些信息登记到总账中。这一步骤是确保账目准确性的关键。

（4）储存成本分析。在出入库账登记完成后，企业应根据需要进行分析和汇总，并定期组织分析评价，有助于企业了解库存状况，优化库存管理策略，以科学的数据指导经营管理。

3. 使用 Excel 仓库管理软件系统进行入库登记入账

Excel 仓库管理软件系统是一种非常科学的实用工具，可以帮助食堂高效地进行入库登记入账与储存成本管理。

（1）基础资料设置。在 Excel 仓库管理软件系统中，首先需要设置货品资料、供应商信息和客户信息等基础资料。这些资料是仓库账目管理的基础，需要确保每个货品的代码都精确无误。

（2）填写供应商、填写员、记账人等信息，选择准确的货品代码、名称、规格型号等，输入进货数量和金额，系统会自动计算单价，检查所有记录，单击保存按钮完成入库操作。

（3）账目查询与期末结转。

1）账目查询。可以通过主界面中的“入库数据”“出库数据”等选项进行查询，确保数据的实时更新。

2）期末结转。当完成做账区间的数据处理时，可以执行期末结转操作，将货品的当前库存作为本期的期初库存，并清除所有入库、出库数据。

4. 入库登记入账管理注意事项

（1）在进行入库登记入账时，务必确保所有信息的准确性和完整性。

（2）定期对库存货物进行盘点，确保实际库存数据与账面记录一致。

（3）使用财务软件进行入库登记入账，可以提高工作效率和准确性。

通过以上步骤和注意事项，企业可以有效地进行入库登记入账，确保财务数据的准确性和完整性，从而支持企业的稳健运营和发展。

（三）食堂仓储过程管理

食堂仓储过程管理就是对仓库及仓库内的物资进行规范管理，是仓储管理部门为提供高效的仓储服务所进行的计划、组织、控制和协调过程。其目的是确保仓储货物的完好无损，确保生产经营活动的正常进行，并在此基础上对各类货物的活动状况进行精准管控，以详细精准的表格形式呈现仓储货物在数量、品质方面的状况，以及储存货物所在应用部门、订单归属和仓储运行等情况。

1. 库存货物定位管理

按照将不同的商品分类、分区管理的原则来存放，仓库内至少要分为三个区域。

（1）大量存储区。储存大批量货物，多以整箱或整件方式储存。

（2）小量存储区。货物使用频率较高但一次性出库量却很低，将货物包装拆散放置在陈列货架上。

（3）退货区。质量不合格货物的储存区域，将准备退换的货物放置在专门区域内等待退货处理。

2. 明示储存区

区位确定后应制作一张配置图，贴在仓库入口处，以便存取运营管理。小量储存区应尽量固定位置，整箱储存区则可弹性运用。若储存空间太小或属冷冻（藏）库，也可以不固定位置而弹性运用。仓储存取货原则上应随到随存、随需随取，但考虑到效率与安全，有必要制订作业时间规定。

3. 储存货物不可直接接触地面

一是避免潮湿；二是符合生鲜商品卫生规定；三是为了堆放整齐。要注意仓储区的温湿度，保持通风良好，环境干燥。

4. 安全管理

仓库内要设有防水、防火、防盗等设施，以保证商品安全。

5. 入库存放

仓库管理人员要与订货人员及时进行沟通，以便做好到货后的存放工作。此外，还要适时提出存货不足的预警通知，以防缺货。

6. 储存登记

物料入库要做好登记工作，以便明确保管责任。

（四）物料出库管理

食堂仓储出库管理是指将货物从仓库发出，并对库存与账面进行扣减处理的规范流程。物料出库管理是仓储管理的重要组成部分，有出库原则、出库管理、人员管理、记录与统计四个重要环节。

1. 出库原则

（1）先进先出原则。在食堂出库管理中，这是一个基本的原则。例如，干货库中的原料、调料等，应按照先存放先取用的顺序进行出库操作。像存放的大米，如果不遵循先进先出原则，较早入库的大米可能会因为长时间积压而出现变质等情况。遵循这样的原则可以保证食材的新鲜度，减少食材因存放时间过长而造成的浪费，同时也能保证食品的质量安全。

（2）按需出库监管原则。根据食堂的实际需求出库食材。食堂在出库食材前，需要准确预估每餐的用餐人数和菜品需求。比如，学校食堂，要考虑到当天学生的出勤人数、不同菜品的受欢迎程度等因素。如果盲目出库食材，可能会导致食材过剩或者短缺。食材过剩可能会因为不能及时用完而变质，食材短缺则可能影响正常的餐饮供应。

（3）直接划拨出库原则。食堂食材品类极多，其中有些食材不宜入库储存，如鲜活鱼、虾、贝类、水分含量极高的蔬菜与水果、当天采购的豆腐等。这些食材的共性是水分含量很高且不宜储存，最好当天消耗完。对于此类食材，可将其直接出库到生产厨房，只做账面登记直接划拨出库即可。

2. 出库流程

（1）填写出库申请。由食堂的厨师或者专职人员凭借出库申请单，实施库房出库操作。例如，厨师根据当天的菜单计划，确定需要出库的食材种类和数量，填写出库申请单，注明食材名称、数量、规格、预计使用时间等信息。这一步骤可以确保出库的食材是真正用于食堂的餐饮制作，并且有助于合理规划食材的使用。

（2）出库审批环节。出库申请需要经过相关负责人的审批。由食堂主管或者厨师长进行审批，审批人要对出库申请的合理性进行审核，查看申请的食材数量是否与预计的就餐人数和菜品供应相匹配。

（3）出库流程操作。库管人员按照经过审批后的出库申请，进行出库操作。库管人员要准确核对食材的名称、数量、规格等信息，确保出库的食材与申请一致。在出库时，要做好相应的记录，包括出库日期、出库食材的详细信息、领取人等内容。这有助于进行库存的盘点和管理，同时也能追溯食材的流向。

3. 人员管理

（1）专人负责。食堂出库管理应安排专人负责。专人负责可以提高出库管理的规范性与严肃性。例如，库管人员经过专门的培训，熟悉食材的存放位置、库存情况以及出库流程。

（2）权限控制。要严格控制有权进行出库操作的人员范围。只有专职人员才能进行出库操作，这可以防止食材被盗用或者误出库。

1）库管员职责：库管员负责食堂库房的管理，包括食品原材料的进出库记录、分类存放、标识管理以及定期盘点记录等。每天必须对库房进行检查，锁好门窗，保证安全。

2）领料人职责：领料人需按照规定的流程填写领料单，并对所领物品规格与数量进行核对。不得私自动用仓库内的物品，确保领出的物品仅用于公用。

3）仓库管理员职责：仓库管理员要对领料过程进行监督，对货物的出入库进行认真审核登记。食堂仓库管理员要定时对库存货物进行盘点，如发现物品短缺或者积压，要立即通知食堂管理人员购买或查找原因，及时解决问题。

4. 记录与统计

（1）出库记录。每一笔的出库账目都要做账面记录。记录内容包括出库日期、食材名称、数量、规格、领取人、用途等信息。通过查看出库记录，可以了解食材的储备与使用情况，分析食材的消耗规律，为后续的采购计划提供参考数据。

（2）定期统计分析。定期对出库数据进行统计汇总分析。例如，每周或者每月对出库的食材数量、种类、金额等进行统计并做出细致的分析。同时，也可以对出库管理的效率进行评估，发现出库管理过程中存在的问题并及时进行改进。

（五）仓储盘存管理

食堂仓储盘存管理是确保货物安全和食品质量安全，有效控制储存成本的重要环节。建立规范的盘点管理制度，可以有效监控库存和货物存量，防止货物浪费和变质。盘存管理涵盖盘存管理的内容、盘存管理的具体细节、盘存效果的评估、盘存问题的处理等方面。

1. 盘存管理的主要内容

（1）周期性定期盘点。每月末、季度末对库存原料进行盘点；至少两人共同作业，确保货物、标识卡、账目相符。

（2）不定期盘点。每月不定期对库存原料进行列项抽查盘点，主要核对账目、标识卡、货物的库存量。

（3）入库盘点管理。严格执行存货入库管理制度，账面、实物分人管理，便于抽查核对储存账目。

（4）出库盘点管理。商品或原材料出库凭出库单办理，按使用部门据实发货，发货后需签字确认。

（5）库存盘点管理。仓库保管员应做好存货进销存明细账，定期与财务人员核对账目、实地盘点实物，保证账实相符。

2. 盘存管理的具体细节

（1）悬挂实物标识卡，标明实物名称、进货日期和保质期等，便于日常检查核对。

（2）盘点过程中的注意事项。盘点时至少两人共同作业，按分区、分类的货位编号对每种原料进行清点。盘点后相关人员均需在盘点单上签字，确保责任明确。盘点后的处理措施：发现变质或过期食品应及时处理并做好损耗记录，随后进行账务处置。若出现账物盈亏情况，要及时查明原因，并采取相应措施。

3. 食堂盘存的评估管理

（1）库存记录不准确。在食堂的日常运营中，食材的进出库频繁，人工记录时可能出现失误，如记错食材的数量、品种等，例如，在收货时将实际收到的30斤土豆误记为20斤，或者将白菜错记为青菜。这会导致库存数据与实际库存不符，严重影响储存成本和生产总成本的核算等工作。

（2）食材损耗计算不合理。明确正常损耗和非正常损耗的鉴定标准。例如，在蔬菜储存过程中，由于水分蒸发导致的重量减少属于正常损耗，但如果是因为保管不当，如冷库温度设置错误，致使蔬菜大量腐烂，这种情况下的损耗计算如果不单独列出，就会影响对食堂成本的准确把控。

（3）盘点周期不规范。盘点周期过长或者过短都会出现问题。如果盘点周期太长，如一个月才盘点一次，那么在这期间可能出现较多的库存差异，难以追溯问题源头；若盘点周期过短，例如，每天都盘点，会耗费大量的人力和时间，增加不必要的运营成本。

（4）人员操作不规范。参与盘点的工作人员可能存在操作流程不熟悉或者未按照规定流程操作的情况。比如，在盘点时没有做到逐一清点食材，而是凭印象估算，或者没有对库存食材进行分类清点，导致盘点结果不准确。

（5）未考虑特殊情况。食堂可能会遇到一些特殊情况，如临时增加大型聚餐活动，食材的使用量和库存变化较大，但在盘点时如果没有考虑到这些特殊事件的影响，就会造成盘点数据的偏差。

4. 解决食堂盘点常见问题

（1）建立完善的库存管理系统。利用数字化技术，如使用电子库存管理软件，对食材的进出库进行精确记录。每次食材的采购入库、领用出库都要及时录入系统，并且设置系统提醒功能，当库存达到设定的预警值时自动提醒采购人员。这样可以有效避免人工记录的错误，提高库存记录的准确性。

（2）明确损耗标准并单独核算。制定合理的食材损耗标准，区分正常损耗和非正常损耗。对于正常损耗设定一个合理的范围，如蔬菜的正常损耗率在5%～10%。在盘点时，对于超出正常损耗范围的情况要进行详细调查，单独核算非正常损耗的成本，以便及时发现管理中的漏洞并加以改进。

（3）确定科学的盘点周期。根据食堂的规模、食材的种类和使用频率等因素确定合适的盘点周期。例如，对于大型食堂且食材种类繁多的情况，可以每周进行一次小盘点，每月进行一次大盘点；而对于小型食堂，食材种类相对较少的，可以每两周进行一次盘点；建议二级库的盘点最好是每天一次。这样既能及时发现库存问题，又能及时对货物库存与消耗进行管理，便于精准把控食材运转，提升成本管理与生产管理水平。

(4) 加强人员培训和监督。对参与盘点的工作人员进行专业培训，使其熟悉盘点流程和操作规范。同时，在盘点过程中安排专人进行监督，确保工作人员按照规定的流程进行操作，如逐一清点、分类统计等。对于表现优秀的工作人员给予一定的奖励，对违规操作的人员进行相应的处罚，以提高工作人员的积极性和责任心。

第三节　食堂生产加工成本管理

食堂生产加工成本是指厨房在生产加工产品时所耗费的食材成本费用。厨房生产成本控制是指厨房的管理者通过对食品原材料加工的成本、产品生产制作过程中的成本等进行控制，以便厨房能够在保证菜品质量的前提下，降低成本和其他不必要的费用开支，防止生产成本过高，确保企业经营利润。在这里务必说明一点，食堂成本核算只计算与社会餐饮一样的原材料损耗成本，如此说来与原材料有关的成本就是成本管理的核心。食材成本是食堂成本中最核心的成本之一，直接影响着产品的利润水平。

食堂生产加工成本主要由原料初加工、产品组配、烹饪成熟过程三部分组成。在加工过程中，原料的用量直接影响成本。

1. 原料加工与成本的关联

产品加工标准是对产品用料的数量、质量标准、加工出料率的规定。如果原料用量超出标准，成本就会增加。包括粗加工(动物宰杀等)、精加工、干货涨发等环节的原料使用情况都需要进行成本控制。加工的质量与成本相关，如果加工不符合要求，导致原料浪费或者需要重新加工，就会增加成本。采购、验收要严格按质量标准控制原料质量，加工员要把控原料加工的卫生、安全程度，凡不符合要求的原料不得进入下一道工序，处理后另作他用。

2. 产品组配与成本的关联

根据产品制作用料标准的品种、数量标准，并结合就餐人数进行原料组配。若出现失误、重复、遗漏、错配、多配等情况，会造成原料浪费，从而增加成本。原料组配的主要操作在于主、配料的数量及规格组配，此过程直接影响产品成本的高低，从而造成成本核算失真；主、配料比例失调不仅会直接影响产品的品质，还是直接影响成本的主要因素。按标准菜谱、用餐人数进行称量，称量不准确可能导致原料的浪费或者菜肴质量不达标，进而影响成本。合理的称量既避免原料的浪费又确保了菜肴的质量。

3. 烹饪成熟加工与成本的关联

食堂菜品烹饪方法诸多，工艺流程极其讲究并且对厨师的技术水准要求很高。技术操作过程中如果出现失误，例如，加热火候过大，导致产品糜烂或者焦煳而失去食用价值，就会造成产品损耗。再例如，烹饪过程中因投料失误而造成操作失误，会出现批量性的成本损失。这说明厨房员工的职业素养与操作责任心都是此过程中的重要因素，运营管理中针对加工环节的把控是管理中的重要节点，必须加强员工的技能培训与职业素养提升。

以上三个加工过程要做好成本管理，关键是将“标准食谱”作为准绳和管理标准。这是因为从原料到菜品所经过的每一个环节都与“标准食谱”密切关联，采购原料的标准源于“标准食谱”；厨房加工原理的标准源于“标准食谱”；菜品组配的依据是“标准食谱”；菜品烹饪过程也参照“标准食谱”。

一、厨房原料加工成本管理及构成分析

食堂厨房原材料成本是一个关键的指标，直接影响企业的盈利能力。原材料成本包括食材采购成本、能源成本、用水成本、用电成本、用气成本等，其中食材加工成本占据很大比例。因此，有效的厨房原料加工成本管理对于保证餐饮业的利润率至关重要。

1. 厨房原材料成本管理

厨房原材料成本是食堂运营中的一个关键指标，涵盖了食材采购成本、能源成本、用水成本、用电成本以及用气成本等多个方面。为了有效控制这些成本，应采取多种管理办法。

2. 食材采购成本管理

采购成本在食堂总体成本中占据了半数以上的比重，对企业的盈利能力有着直接且重大的影响。有效的采购成本（价格）控制不仅可以帮助企业节省大量的资金，还能增强企业的竞争力，提高经济效益，实现企业价值最大化。采购成本的有效控制是实现利润增长的关键途径之一。通过减少不必要的支出，企业可以在收入不变的情况下增加利润。

（1）市场竞争的影响。随着市场竞争的加剧，产品定价直接影响企业的经济

效益。合理的采购成本控制有助于企业在价格竞争中保持优势。

（2）采购渠道的选择。食堂应根据实际情况选择农贸市场、批发市场、超市或直接从农户手中采购原材料。

（3）品类选择。对于生鲜食材，应根据时令选择相应食材；对于干货类食材，则需定期比价获取优惠价格。

（4）采购成本的核算。公司应对所有进项进行逐一核算，包括采购成本、运输成本和存储成本等，并按照各自的成本科目进行核算。

3. 能源、用水、用电、用气成本管理

（1）能源成本管理。通过智能计量器监测能源消耗情况，找出浪费点以提高利用率。

（2）用水成本管理。使用智能节水设备控制用水流量，降低用水成本。

（3）用电成本管理。采用智能化用电管理措施，监测用电量并采取节电措施。

（4）用气管理。使用智能气表和报警装置监测用气量，及时发现异常并采取节气措施。

4. 厨房原材料成本管理的可操作性

（1）合理的管理流程。制定合理的管理运作流程，如材料点验和入库，避免食材浪费和丢失。

（2）功能性的管理信息系统。采用管理软件系统实时监测各项指标，并提供决策支持。

5. 厨房生产加工成本控制策略

厨房作为食堂的生产核心部门，其成本控制直接关系到企业的兴衰。以下是一些有效的成本控制策略。

（1）生产线流程管理控制标准。

1）原材料加工。包括粗加工、精加工和干货涨发等。

2）用料配制。涉及热菜配制和冷菜配制。

3）菜肴烹调。包括热菜制作、冷菜制作等。

（2）建立生产标准。

1）加工标准。制定原料用料的数量和质量标准。

2）配制标准。明确菜肴制作用料的品种和数量标准。

3）烹调标准。规定调味品的比例以达到最佳口感。

厨房原材料成本管理对于食堂的盈利能力至关重要。通过实施有效的成本管理办法和控制策略，不仅可以降低运营成本，还能提高企业的整体竞争力。希望上述分析能为厨房管理者提供有价值的参考和指导。

二、原料加工的成本管理

食堂生产中原料加工有两个程序：原料粗加工和原料精加工。

（一）原料粗加工的成本管理

厨房原料粗加工是指对食材进行初步处理的过程，包括宰杀、切割、洗涤等步骤。这一过程直接影响到食堂的产品成本和生产效率。通过有效的粗加工管理，不仅可以降低原材料成本，还能提高生产效率，确保食品质量和安全。

1. 厨房原料粗加工对成本的影响

（1）原料采购环节对成本的影响。

1）批量采购与供应商选择。对于厨房原料，尽量进行批量采购。通过与供应商协商，以较大的采购量来获取更优惠的价格。同时，选择可靠的供应商，不仅要考虑价格因素，还要关注原料的质量、市场供应的稳定性等。例如，与当地的大型蔬菜种植基地或者肉类加工厂建立长期合作关系，既能保证原料的新鲜度和质量，又能在价格上得到一定的优惠，降低采购成本。

2）原料质量把控。在采购时，虽然高质量的原料价格可能相对较高，但是可以减少因原料质量问题导致的加工损耗。例如，购买新鲜、无病虫害的蔬菜，在粗加工时的损耗会明显低于质量差的蔬菜，从长远来看降低了总成本。

（2）原料损耗方面。在厨房原料粗加工过程中，如果操作不当会造成较大的原料损耗。例如，在蔬菜的清洗和切割环节，若清洗过于粗暴可能导致蔬菜可食用的部分被损坏而丢弃，切割时尺寸不合理也会增加损耗量。这部分损耗直接增加了原料的成本，因为损耗掉的原料也是以采购成本购入的。相关研究表明，不合理的粗加工方式可能使原料损耗率增加5%～10%不等，这对于厨房成本控制来说是个不容忽视的问题。

（3）人力成本方面。如果粗加工环节缺乏合理的规划和标准化操作流程，可能会导致人力的浪费。例如，没有明确每个员工的工作任务，可能会出现多人重复进行同一项粗加工工作，或者员工在粗加工过程中因为操作不熟练而花费过多的时间。人力成本在餐饮成本中占比较大，这种低效率的粗加工方式会间接增加厨房的成本。

2. 厨房原料粗加工对生产效率的影响

（1）生产流程方面。粗加工的效率会影响整个厨房的生产流程。如果粗加工不能及时、高效地完成，会导致后续烹饪环节的延误。例如，在肉类的粗加工中，如果切割速度慢或者没有按照烹饪要求进行切割，那么厨师在烹饪时就需要花费额外的时间进行调整，这会降低整个厨房的生产效率。有数据显示，粗加工环节效率低下可能会使整个菜品制作时间延长 20%~30%。

（2）设备使用方面。粗加工过程中设备的使用情况也会影响效率。如果员工不熟悉设备的操作或者设备布局不合理，都会造成设备使用效率低下。例如，在使用切菜机时，如果员工操作不熟练，不仅会降低切菜速度，还可能因为操作失误导致设备故障，进而影响整个粗加工的进度。合理的设备布局可以使员工在粗加工过程中减少不必要的走动和等待时间，从而提高加工效率。

（3）产品质量控制。通过精确的粗加工，可以确保食材在烹饪过程中的品质，提升最终食品的质量和食客满意度。对厨房的生产流程进行全面分析和评估，找出存在浪费和低效率的环节，并通过技术改进和管理优化来降低成本。制定标准菜谱并规范工作流程，确保每一步骤都能高效执行，减少人为失误和重复劳动。

（4）半成品加工与成品加工的选择。厨房的两种加工方式：半成品加工和成品加工，都体现了现代食堂追求效率、标准化和成本控制的重要趋势。半成品加工只涉及菜品的初步处理，不同食堂可以根据当地口味和需求进行二次加工，以更好地满足顾客的需求。成品加工可以直接将饭菜送到需求量大的地点，大大缩短了从制作到上桌的时间。

（5）建立生产标准。建立标准就是对生产质量、产品成本、制作规格进行数量化，并用于检查指导生产的全过程，随时消除一切生产性误差，确保食品质量的优质形象。制定《原料净料标准》《刀工处理标准》《干货涨发标准》等，确保每一步骤都有明确的规范和要求。

3. 粗加工管理措施

（1）测定净料率。

1）操作程序和要求。严格按照规定的操作程序和要求进行加工并保持应有的净料率。

2）试验最佳加工方法。对成本较高的原料，应由有经验的厨师进行试验，并提出最佳加工方法。

3）员工培训。为了提高粗加工的效率和质量，应对员工进行培训，提升他们的加工技能与加工精度，这有助于降低成本。培训内容包括正确的操作规范、减少损耗的技巧等，虽然这部分投入可能会在长期内通过提高效率、降低损耗来减少成本，但在短期内是一项增加成本的因素。

（2）提高原料利用率。

1）原料特性。不同的原料在粗加工时需要不同的处理方式。例如，蔬菜类原料需要清洗、去皮、切配等操作，肉类原料可能需要解冻、分割等。如果原料的种类繁多且特性复杂，就会影响粗加工的效率。比如，根茎类蔬菜（如土豆、萝卜等）相对容易清洗和去皮，而叶菜类（如菠菜、生菜等）清洗时要更细致以防泥沙残留，处理起来更耗时。

2）食材加工剔除部分的回收。对粗加工过程中剔除的部分（如肉骨头等）应尽量回收，提高其利用率。

3）整料整用原则。切配时应根据原料的实际情况，整料整用，大料大用，小料小用，下脚料综合利用。

（3）加工过程的控制。

食材加工过程的控制包括对加工数量和质量的控制。凭厨房的净料率标准和净料计划单组织采购，实施加工达到控制数量的目的。加工净料率的控制，由加工人员按不同品种的原料，测试出加工净料率并制定原料净料参考表，同时提出净料与边角料的比例，整理在册后发放到各个生产操作岗位参照执行。

（4）中央厨房的整体解决方案。大型食堂一般会配备中央厨房实施食材集中加工，这样加工数量大，且标准统一、规格统一，设备先进，出料快，人工成本低。中央厨房作为一种集食品加工、制作和配送等功能于一体的集中式厨房，通常用于服务大规模食堂或餐饮企业。在中央厨房的规划和设计中，有几个关键方面需要考虑和解决。

一是合理布局。中央厨房的整体布局应该合理，以确保食品加工的高效性和安全性。这包括设备的摆放位置、工作流程的优化、食材存放和加工区域的划分等。

二是配备适当的设备。中央厨房应该配备适当的食品加工设备和设施，如切菜机、烤箱、蒸煮设备等，以满足日常的食品加工需求。这些设备应该符合卫生标准，并且易于清洁和维护。

三是储存和配送。中央厨房的储存和配送也是需要考虑的重要环节。应该有足够的冷藏设施和储存空间，以确保食材的新鲜度和质量。同时，配送过程中的卫生和安全措施也应该得到充分重视。

（5）建立科学的管理机制和制度。食堂应该建立科学的管理机制和制度，包括原料采购、储存、使用等方面。通过建立标准化的操作流程和规范化的管理制度，确保厨房原料管理的规范化和标准化。积极应用先进的管理技术和方法，如物联网、大数据、云计算等。通过应用这些技术和方法，可以实现厨房原料管理的智能化、数字化和网络化，提高管理效率和准确性。

厨房原料粗加工不仅关系到菜品的成本和质量，更是食堂整体运营效率的关键因素。通过实施上述管理措施，可以有效提升粗加工过程的效率和成本控制水平，进而增强企业的市场竞争力。

4. 净料率与成本的关联

净料率在餐饮行业中有着广泛的应用，它不仅是成本核算的重要依据，也是生产加工成本管理的关键因素之一。通过合理确定净料率，可以有效地控制成本，提高原料的综合利用率。例如，在确定产品的成本与销售价格时，净料率是一个重要的参考指标，可以帮助食堂在保证利润的同时，制定出更具有竞争力的价格。

此外，准确计算净料率对于食堂的日常运营也至关重要。通过对不同食材净料率的了解，厨师可以在准备菜品时更精确地估算所需原材料的数量，避免浪费，同时也能够更好地掌握每道菜的成本，从而制定更具吸引力的菜单。

（1）净料率与成本的关系。净料率的高低直接影响到净料成本的大小。一般来说，净料率越高，从一定数量的毛料中取得的净料就越多，其成本就越低；反之，净料率越低，所得的净料就越少，其成本就越高。

（2）影响净料率的因素。净料率的高低受多种因素影响，包括原材料的种类、品质以及加工方法和技术水平等。一般来说，原材料的品质越好，加工技术越先进，净料率就越高。然而，在实际操作中，由于各种不可控因素的影响，实际的净料率可能会与理论值有所偏差。因此，食堂需要定期对净料率进行监测和调整，以确保成本核算的准确性。

另外，还有以下几个关键因素。

1）原料规格和质量。高质量的原料通常可以获得更高的净料率。

2）加工技术。先进的加工技术和设备可以提高净料率，减少加工过程中的损失。

3）员工技能。员工的刀工技术和操作熟练度也会影响净料率的高低。

5. 净料率卡的应用

通过精准核准原料净料率，将其以表格的形式记录下来作为平时原料粗加工的作业标准，这个表格即“净料率卡”。

案例一：土豆的净料率计算。

某厨房购进土豆 36 千克，经冷加工后得到净土豆 25.2 千克，求土豆的净料率。

解：

$$净料率：\left(\frac{25.2\ 千克}{36\ 千克}\right)\times 100\% = 70\%$$

答：土豆的净料率是 70%。

案例二：西红柿的净料率计算。

某厨房购入西红柿 8 千克，经过去蒂、洗涤后得净西红柿 7.2 千克，求西红柿的净料率。

解：

$$净料率：\left(\frac{7.2\ 千克}{8\ 千克}\right)\times 100\% = 90\%$$

答：西红柿的净料率是 90%。

6. 净料率的核准流程

原料粗加工测试→核算净料率→对比原料净料率→制作原料加工净料率表（卡）

（1）原料粗加工测试。组织 3～5 名技术稳定的切配技师，在工作中有目标地加工原料，把毛料重量、净料重量、下脚料分别记录在册，针对同一种原料，按照不同切配技师的加工数据制作统计表格。

（2）核算净料率。按照上面的例题，分别计算所有原料的净料率并记录在统计表内。

（3）对比原料净料率。统计所有切配技师加工原料净料率的平均值，对比后制作出数据列表；按照原料类别、品种，将核算后的净料率统计入册。

（4）制作原料加工净料率表（卡）。将原料加工净料统计表按照表 2-1 制作净料率卡。

表 2-1　常用原料加工净料率表

序号	毛料名称	计量单位/克	净料加工工艺	获得净料		
				名称	质量/克	净料率/%
1	猪里脊	500	拉皮、剔筋	净里脊	400	80
2	猪腿瘦肉	500	剔筋、切配	净瘦肉片	350	70
3	猪肉(后臀尖)	500	剔筋、切配	丁、丝、条、片	475	95
4	猪小排(排骨)	500	剔筋、切配	切块	425	85
5	猪儿肠	500	洗净、腌码	腌儿肠	350	70
6	猪腰	500	洗净、片去腰臊	净腰花	425	85

7. 提高净料率的措施

（1）食材采购与储存管理方面。要精心选择食材和供货商，多渠道、多方面地去收集信息和调查市场，了解所需采购食品的价格，避免购进质量不佳的食材，防止因食材问题导致的损耗，这样有助于提高净料率。加强食材的储存管理，避免食材过期损耗，从而提高食材净料率。选用优质的原材料，严格控制其质量，可以提高产品的性能和稳定性。对原材料的检验、验收和存储等环节进行严格把关，确保原材料的质量始终符合生产要求。

（2）加工流程方面。优化加工流程，减少食材在加工过程中的损耗，进而提高食材的利用率，提升净料率。采用先进的技术和设备是提升生产效率和加工质量的关键。自动化设备和智能化系统可以减少人为错误和生产中的浪费。此外，使用精密的工具和设备可以提高加工质量，降低次品率。

（3）员工管理方面。加强"净料率卡"标准的实操培训，增强员工操作技能，并且注重对员工进行避免浪费食材的培训，以减少不必要的食材损耗，提高净料率。员工技能和素质是提升产品质量的重要因素。定期对员工进行技能培训和考核，提高员工的技能水平和操作熟练度。

（4）成本控制与节约意识方面。合理控制食品的成本，减少食材浪费，增强环保意识，减少餐厨垃圾的产生，间接提高食材净料率。通过引入先进的管理体系和方法，可以提高产品的质量和竞争力，提升企业的整体水平。

（二）原料精加工成本管理

原料精加工是指为了满足菜品组配与制作要求，对原料实施精细加工的标准和要求。也就是对已经过初加工和刀工处理的半成品，再作精准的加工组配；精加工可能涉及将原材料加工成特定的形状和大小，或者通过特定的处理方法提升食品的质量和口感。

1. 原料精加工与成本的关系

（1）厨房原料精加工对产品成本的影响。厨房原料的精加工对食堂的成本控制具有显著影响。食材进入厨房通过精加工处理后，“食材出品率”的大小直接影响产品成本，也就是说精加工后的食材量变化是产品组配成本的关键因素。

（2）原材料采购质量。原材料的采购质量直接影响着食堂产品的成本和盈利能力。原料质量与加工损耗率有直接的关联，因此务必有效控制原材料采购的质量与成本，确保原材料的质量和供应的及时性。

（3）库存管理成本。在保证原材料供应充足的同时，尽量减少库存量，避免原材料的过度积压导致资金占用过多。对于库存周转率、仓储成本、原材料的保鲜和防损等方面需要进行精准的核算。通过科学合理的库存管理，可以减少废品和损耗，降低存储成本，提高资金使用效率。

（4）生产过程中的成本。在加工和生产原材料的过程中，能源消耗、生产人工成本、设备折旧等都会对原材料成本产生直接影响。因此，需要对生产流程进行全面的分析和评估，找出生产过程中存在的浪费和低效率环节，通过技术改进和管理优化来降低生产过程中的成本。

（5）产品成本核算。通过对每道菜品的原材料消耗量、人工成本、耗材成本等进行准确核算和分析，可以帮助企业了解每个产品的生产成本，并为制定定价策略提供科学依据。同时，通过产品成本核算还能够找出成本高、利润低的产品，并及时调整生产方案，优化产品结构，提高整体利润水平。

（6）数据分析和成本控制。建立完善的数据统计体系，企业可以及时掌握各项成本的动态变化情况，通过数据分析来发现潜在的成本风险，及时采取措施加以控制。

2. 精加工“出品率”管理

食材加工出品率是指从原材料中加工出的成品食材占原材净料的比例。这一指标不仅反映了加工过程的效率，还直接关系到企业的成本控制和资源利用效率。高出品率意味着更少的原材料浪费和生产成本，对于提升企业的竞争力具有重要意义。

（1）出品率基本计算公式。

食材加工出品率的计算通常基于原材料和成品食材的体积或质量。基本公式为：

$$出品率=\frac{成品食材的质量}{原材净料的质量}\times 100\%$$

例如：

食堂购进的茄子经过粗加工（去皮、去蒂）后为100千克，制作“红烧茄子”需精加工得到茄子块94.5千克，求茄子的出品率是多少？

解：根据基本公式：

$$出品率=\frac{成品食材的质量}{原材净料的质量}\times 100\%$$

$$\frac{94.5\ 千克}{100\ 千克}\times 100\%=94.5\%$$

答：茄子的出品率是94.5%。

（2）出品率的应用。当食材加工出品率较低时，意味着生产单位成品需要投入更多的食材原料。例如，制作某种高级寿司，其主要食材鱼生的加工出品率低，因为在处理鱼生过程中要去除较多边角、鱼骨等部分。这部分额外损耗的成本必然要转嫁到成品价格上，以保证不亏损。如果不考虑出品率对成本的影响，可能导致利润受损。

在计算定价时，要根据出品率精确核算食材成本占总成本的比例。如制作法式鹅肝菜品，鹅肝的加工出品率可能只有50%~60%，这就要求在定价时把食材成本乘以一个系数（如1÷50%=2）来保证覆盖所有食材成本，从而确定定价底线。

（3）厨房出品率的管理。

1）边角料成本的处置。“出品率”是在净料的基础上进行核算的，净料按照标准食谱的制作工艺要求，即菜品原料的切配标准（加工规格与数量）进行精加工。在加工过程中会出现边角料，这些边角料虽然不能用于菜品中，但是可以另作他用，也就是说可以作价处理。故此，在核算菜品成本时一定不要忽略将“边角料”的计价成本计入产品成本。

2）出品率与采购计划。制作采购计划的依据是“标准食谱”的原材料使用数据，此处的原材料数据是经过精加工处理成型的食材，采购计划里的原材料数据是以市场上的“毛料”为基础，由市场“毛料”到菜品“精料”，要经过粗加工和精加工两个环节，历经净料率和出品率的换算后才能得出精准的数据。所以，在制订采购原料计划时要采用倒推原料数据的方法，由菜品标准的“净料数值”倒推

“毛料数值”。

3）贯彻“标准食谱”食材的加工标准，提高加工精准度。坚决执行食材作业流程及规格加工标准（片、丝、丁、段、块），做到熟练操作、标准精准。加工流程与作业标准是食材精准加工的基础，员工的技术修养与基本功则是关键。以食谱为准绳、以加工标准为基础加强技术训练，提高加工精准度是保证菜品成本精准控制的关键。

4）提高食材的综合使用率，冲抵高成本。厨房里有句“因地制宜、材尽其用”的俗语，其内涵丰富，指做菜时要根据原材料的实际情况，充分发挥食材的特性与特点，精准用料，做到物尽所用。原料加工里的“原料分档”技术，可以把一种食材通过分档技术分割成若干部位，实现精准用材。例如，把一块猪肉分割成里脊、肥膘肉、五花肉、龙骨与精排等，在成本核算里叫作“一料多档”；精准到用五花肉做“红烧肉”，里脊肉做“鱼香肉丝”。合理取材、物尽所用、杜绝浪费永远是成本管理中的真理。

3. 精加工成本管理的意义

（1）提高企业竞争力。在市场中，食材加工企业面临着激烈竞争。通过有效的成本管理，食堂能够降低加工成本，从而在价格上更具优势。在同样质量的食材加工产品中，食堂能够以更低的成本生产，吸引更多的客户，增加市场份额，在激烈的市场竞争中脱颖而出。

（2）提升企业经营效益。食堂成本管理有助于提高企业的利润水平。在销售额不变的情况下，当加工成本得到合理控制时，成本的降低直接意味着利润的增加。准确核算食材加工过程中的各项成本，如原材料采购成本、人工成本等，通过优化管理减少不必要的开支，就能实现经济效益的提升。

（3）资源合理利用。食材加工成本管理能够促进资源的合理利用。这包括对食材原料的充分利用，避免浪费。通过精准的成本控制，可以促进改进加工工艺，减少食材在加工过程中的损耗，提高食材利用率，同时也能减少能源等其他资源的浪费，从而实现可持续发展。

（4）有助于企业稳定发展。良好的成本管理可以使企业更好地应对市场波动和风险。当原材料价格上涨或者市场需求下降时，成本管理良好的食堂能够凭借之前积累的成本优势，灵活调整价格策略或者生产规模，以此维持生产的正常运营，确保企业稳定发展，不至于因为成本过高而陷入困境。

三、菜品组配成本管理

食堂菜品组配成本管理的主要目标是在保证产品质量的前提下，实现成本的合理控制，提高企业的盈利能力和竞争力。通过精确计算产品组配过程中的各项成本，并进行有效的管理，可以确保菜品价格的合理性，在满足顾客需求的同时实现企业利润的最大化。

（一）菜品组配成本的构成要素

食堂菜品组配主要由三部分组成，即主料成本、辅料成本、调料成本。食堂菜品属于批量生产，一次性用料数量巨大，由此而言，主料与辅料、调料的配比极其重要，一旦配比失调，菜品成本就会高出投料标准或者低于投料标准。由此可见“标准成本”的运用是十分重要的。

1. 主料成本

这是产品中占主导地位的食材成本。例如，在一份牛排套餐中，牛排的成本就是主料成本。其成本受到采购价格、采购量、食材质量等因素的影响。采购价格过高、采购量不合理（过多或过少）或者过高的食材质量要求（导致价格上升）都会增加主料成本。

2. 辅料成本

辅料成本是辅助主料制作产品的食材成本。如牛排套餐中的配菜（薯条、蔬菜沙拉等）成本。辅料的种类、用量和采购价格都会影响辅料成本。如果选择较为昂贵的辅料或者辅料用量控制不当，就会造成成本上升。

3. 调料成本

包括盐、糖、油、酱、醋等调味品的成本。虽然单个产品中调料用量相对较少，但由于调料种类繁多，且每天产品制作总量较大，所以调料成本总和也不容忽视。例如，一道菜需要使用特殊的进口酱料，这种酱料价格较高，就会增加产品的调料成本。

（二）菜品组配成本管理的方法

1. 制定标准菜谱与标准成本

（1）明确食材用量。标准菜谱要精确规定每道菜品中主料、辅料和调料的用量。例如，一道宫保鸡丁，要明确鸡肉多少克、花生米多少克，葱、姜、蒜各多少克以及各种调料的具体用量。这样可以在菜品制作过程中准确控制成本，避免因厨师个人习惯造成的成本波动。仅验证菜品组配是否符合“标准食谱”的标准并不够精准，还需要依照“标准成本”来衡量产品的投料组配是否规范和达标。

（2）确定食材规格。除了用量外，还要确定食材的规格。比如，鸡肉是选用鸡胸肉还是鸡腿肉，其采购价格和成本是不同的。规定好食材规格有助于统一菜品质量和成本计算。

2. 成本核算

（1）计算产品成本。根据食材的采购价格和用量计算产品成本。例如，某菜品主料采购价为 10 元/斤，用量为 0.5 斤，辅料成本共计 3 元，调料成本 2 元，则该菜品的成本为 10 元/斤×0.5 斤+3 元+2 元=10 元。定期进行成本核算，及时发现成本的变化情况，以便调整管理策略。

（2）分析成本差异。将实际成本与标准成本进行对比，如果实际成本高于标准成本，要分析具体原因。可能是食材价格上涨、食材浪费、用量控制不当等原因，然后有针对性地采取措施进行改进。

3. 生产过程管理

（1）减少浪费。在产品制作过程中，要加强对食材的加工管理与综合利用效率管控。例如，合理利用食材的边角料，像蔬菜的叶子可以制作汤品，肉类的骨头可以熬制高汤等。同时，控制菜品制作过程中的失误率，避免因制作失败而浪费食材。

（2）控制出品率。对于一些需要加工处理的食材，如肉类的切割、蔬菜的清洗切配等，要控制出品率。提高出品率意味着在相同的食材采购量下能够制作出更多合格的菜品，从而降低单位产品的成本。例如，合理切割肉类，减少切割过程中的损耗。

（三）菜品组配与食材估清管理

在食堂经营管理中，“估清”是一个关键的专业术语，也被称为“沽清”。它主要指的是在日常运营中，对于当天食材剩余库存量的管理，包括食材、半成品和成品等。估清是食堂内部管理的一个重要环节，有效的估清管理，可以更好地控制成本、避免浪费，确保生产良性运行。财务管理中有个“日清月结”的说法，每天的营业收入和成本投入在当天结束营业后都应有明确的结算。厨房生产管理一定是积极配合财务的管理，每天都要进行食材估清，只有这样才能将当天食材消耗数据精准上报财务管理系统，否则，财务食材消耗数据不准将对经营管理非常不利。

1. 估清管理的内容

（1）实时监控食材库存。建立库存台账，详细记录食材的进出仓、库存数量、保质期等信息，像肉类、蔬菜、水果等各类食材都要有清晰的记录，以便随时掌握库存动态。

（2）利用技术手段。运用条码、RFID 等技术自动采集库存数据，提高管理效率，及时发现库存不足的情况。

（3）预估菜品销量。

1）依据历史数据。分析过去一段时间内产品的销售情况，例如，某道菜在周一到周五的销售量相对稳定，可作为预估的重要依据。

2）考虑特殊因素。如节假日、季节变化、单位的特殊活动等。例如，在冬季，热汤类菜品的销量可能会增加；企业高强度劳动期间，快餐类菜品的销量可能会上升。

（4）确定估清时间点。

1）根据运营时间。食堂可能在每餐开饭前 1~2 小时确定估清菜品；也可根据员工的就餐时间习惯，提前一定时间进行估清。

2）结合食材特性。对于新鲜度要求高、保存时间短的食材，如绿叶蔬菜，估清时间为一班一次。

（5）及时通知相关人员。

1）内部员工。告知厨师、服务员哪些产品即将估清，以便他们能准确向顾客传达信息。

2）顾客。可以通过食堂的电子显示屏、点餐系统提示等方式告知顾客菜品估清情况。

2. 食堂估清管理流程

（1）食材盘点。定期对食堂库存食材进行准确盘点，包括原材料、半成品和成品。

（2）需求预估。根据就餐人数、菜品订单、历史数据等信息，预估未来一段时间内食材的需求量。

（3）菜单调整。根据食材估清结果，合理调整食堂菜单。如果某种食材库存不足，可将其从菜单中暂时移除或减少供应分量；如果食材库存积压，则可以增加以该食材为主料的菜品供应。

（4）与供应商沟通。及时与供应商沟通食材的需求情况，以便供应商能够准确供货。

3. 食堂食材估清管理常见误区

（1）凭经验估算备餐。传统食堂常常依赖工作人员的直觉和经验来估算所需食材的数量，这种方法容易导致备餐过多或过少，从而引发食物浪费或供应不足。

（2）人工统计订餐人数和预订菜品。在高峰期，食堂需要安排专人逐一统计订餐人数和预订的菜品，这不仅耗时费力，还容易在电话占线时造成服务延误。

（3）人工记账。手工记账的方式不仅效率低下，而且容易因人为错误而引发纠纷，不利于食堂的财务管理。

（4）采购管理与食材估清的关系。供应商选择的误区：如果食堂过于依赖单一的供应商，那么一旦该供应商无法按时供应足够的食材，就可能影响食材供应。采购协议和成本分析的误区：缺乏有效的定期成本分析，食堂可能无法准确预测和控制食材的采购成本，从而影响食材的供应。

4. 食堂食材估清管理优化策略

（1）智慧系统成本管控策略。食堂通过引进先进的智能化管理系统和设备，对食材采购、库存管理、菜品储存、销售分析等环节进行全面监控和优化。这一策略的实施，旨在确保每一分钱的投入都能得到最大的回报。

（2）智慧系统进销存管理。利用物联网技术对进货、入库、出库等环节的物资进行实时监控和追踪，建立严格的验收制度，确保食材的新鲜度和质量符合标准，避免因食材质量问题造成浪费和损失。供应商统一管理，便于食堂管理者与供应商建立长期稳定的合作关系，选择性价比高的食材供应商，确保食材的质量和价格稳定。

（3）线上线下联合降本增效。自助餐称重结算方案：帮助消费者根据自己需要夹取用餐的分量，减少剩饭剩菜造成的浪费。同时，食堂可以根据菜品的余量情况，更加精准地预测和规划食材采购、库存管理等环节，避免浪费和损耗。

（4）采购管理策略。食堂采购管理在食堂运营中起着至关重要的作用。通过有效的采购管理，食堂可以实现降低采购成本和提高食材品质的双重目标，为食堂业务的成功运营提供坚实的基础。

（5）员工培训。培训厨师和食堂工作人员，确保他们了解食材的正确处理和储存方法，迅速掌握食材估清流程和操作步骤，理解食材估清的必要性与成本管理的重要性。

四、产品成熟工艺成本管理

产品成熟工艺成本管理是餐饮成本管理中的一个重要部分，它涉及产品制作过程中与成熟工艺相关的成本控制与管理。这一环节的成本管理有助于餐饮企业在保证菜品质量的前提下，降低成本，提高利润空间。

（一）菜品成熟工艺成本的构成要素

菜品成熟工艺成本主要由能源成本、设备损耗成本、人力资源与时间成本、菜品质量损失成本四个因素构成。

1. 能源成本

烹饪过程中使用的能源，如天然气、电力等。不同的成熟工艺对能源的需求不同，例如，油炸工艺可能比蒸制工艺消耗更多的能源。如果长期不进行管理，能源成本可能会成为餐饮成本中的重要部分。

2. 设备损耗成本

菜品成熟过程中使用的设备，如炉灶、烤箱、蒸笼等会随着使用而产生损耗。设备的购买成本、维修成本以及使用寿命都会影响每道菜品的损耗成本。例如，频繁使用高温烤制的烤箱，可能需要更频繁的维修和更短的更换周期，这就增加了菜品的成本。

3. 人力资源与时间成本

不同的菜品成熟工艺所需的时间不同。较长的烹饪时间可能意味着更多的人力投入或者更长的设备占用时间，从而增加成本。例如，一道需要长时间炖煮的菜品，在炖煮过程中需要厨师不时查看火候，同时占用炉灶较长时间，这都会产生相应的成本。

4. 菜品质量损失成本

菜品制作过程中由于操作失误(如投料误差、口味失误、成熟度误差等)，导致菜品食用出现质量问题，进而影响菜品销售，造成成本损失。

（二）产品成熟工艺自身成本管控

1. 优化烹饪流程

（1）选择合适的成熟工艺。根据菜品的特点和需求，选择能源消耗较少、设备损耗低且时间成本合理的成熟工艺。例如，如果产品的口感和品质在蒸制和油炸两种工艺下都能满足要求，那么优先选择蒸制工艺，因为蒸制通常比油炸更节能，设备损耗也相对较小。

（2）合理安排烹饪顺序。在厨房忙碌时段，合理安排烹饪流程，可以提高设备的利用率，减少能源消耗和时间成本。例如，制作一批火候时间较长的菜品，在等待的过程中可以同时进行其他菜品的前期准备工作或者使用炉灶进行其他菜品的炒制。

（3）食谱合理配置。食谱编排过程中尽力把烹调技法合理运用，有利于节省能源与人力资源成本；有利于合理安排出菜顺序与配菜分配；有利于合理安排食材的使用。

2. 设备管理

（1）定期维护设备。确保设备处于良好的运行状态，提高设备运行效率，减少能源浪费和设备故障带来的额外。例如，定期清理炉灶的燃烧器，保证天然气充分燃烧，既能提高烹饪效率，又能降低能源成本。

（2）选用节能设备。在设备更新或购置时，优先选择节能型的设备。虽然节能设备的初始投资可能较高，但是从长期来看，能够降低能源成本和设备损耗。例如，新型的节能烤箱相比传统烤箱，在烤制相同数量菜品时能够节省一定比例的电力。

3. 人员培训

（1）提高厨师技能。通过培训让厨师熟练掌握各种菜品的成熟工艺，减少因操作不当导致的能源浪费、设备损坏和时间延长等问题。例如，熟练的厨师能够准确把握烹饪的火候和时间，避免过度烹饪或者多次返工。

（2）培养成本意识。让厨师了解菜品成本的构成，在保证菜品质量的前提下，自觉地采取成本控制措施。厨师在烹饪过程中会主动根据菜品的数量合理调整炉灶的火力大小，避免能源浪费。

（三）菜品成熟烹调成本管理

在食堂的日常运营中，烹调过程中的成本控制同样重要。以下是一些具体的控制措施。

1. 调料用量控制

烹调过程中要控制调料的用量，避免浪费和过度使用，多采用自制调味酱汁，降低调料成本。特别是使用油品时，注意节约，尽量通过回收技巧提高油脂的使用率，达到降低成本的效果。

2. 火候控制

注意火候控制，避免食材烧焦或煮烂，影响口感和质量，严格执行灶台操作标准并坚决避免实操失误，提高菜品出品率。加强灶台操作技能培训、规范操作和标准食谱的培训，提高灶台操作技能水准，以减少因操作失误而造成的成本损失。

3. 节约能源

注意节约能源，避免不必要的能源浪费。高效率的节能设备可以起到很好的节能效果。购买智能炉灶可以节省30%的能耗，落实节能指标与节能优化考核也能起到良好的效果。

4. 营业信息

预知营业信息并预判生产投入成本，很好地控制营业时间和销售量，可以减少因产品剩余而造成的损失。

第三章
食堂产品成本管理

食堂产品成本管理是对食堂运营过程中与产品相关的成本进行规范化、标准化、科学化管理的总称。它涵盖了成本核算、成本分析、产品决策以及生产流程控制等多个环节，确保食堂在提供优质堂食产品的同时，能够合理控制成本，提高效益或者在非营利性食堂中实现资源的有效利用。

从成本构成方面来看，食堂产品成本属于直接成本，如食材(蔬菜、肉类、粮油等)，这些是构成食堂产品最直接的成本，也是食堂产品成本管理中的管控目标。由于其在成本中占比较大，食材的采购量、采购价格、出品率等都会影响产品成本的高低。在食堂产品成本管理中，成本核算需要明确各项成本的具体金额和占比，例如，了解食材采购成本在总成本中的比例等，这有助于找到产品成本控制的关键节点。成本分析则是对成本数据进行剖析，找出成本变动的原因，如分析食材价格波动对成本的影响等。成本决策包括选择合适的供应商、确定合理的采购量等决策行为。成本控制则体现在对食材采购、加工、储存等各个环节的管理上，例如，制订精准的采购计划以减少库存积压和浪费；制定标准化菜谱和加工流程来规范食材用量和加工方法，以减少食材浪费，这些都是食堂产品成本管理的具体体现。

食堂产品成本核算仅计算食材耗用成本，其余成本费用则以“毛利”形式体现在价格中。在此，与食材无关的其他成本暂不讨论。

第一节　食堂产品成本的构成

食堂产品有两大类型：主食产品和副食产品。

食堂产品按照在堂食中的呈现形式划分为：主食、荤菜、素菜、汤品。

一、食堂产品成本的比值划分

食堂产品成本比值是按照产品分类来划分的。

（一）产品成本比值的划分

将食堂产品成本值视为100%，其中主食成本占比为30%~40%，副食成本占比为60%~70%。按照堂食呈现形式，可划分为：

1. 主食

作为日常饮食的基础，主食主要包括米饭、面食等。成本占比30%~40%。

2. 荤菜

提供动物性蛋白质，如肉类、鱼类等。成本占比为35%~40%。

3. 素菜

提供植物性蛋白质和其他营养素，如蔬菜、豆制品等。成本占比为10%~25%。

4. 汤品

补充水分和营养，常见的有汤面、汤羹等。成本占比10%。

（二）日常膳食产品的成本结构

早餐、午餐、晚餐都会用到调味料、蔬菜、荤菜、主食、水果、米面等原材料。对于早餐，如果有包子、油条等主食，就涉及面粉等米面类原材料。午餐和晚餐可能荤菜比例会有所不同，比如，晚餐可能会有更多种类的汤品。此外，不同季节食材价格波动，也会影响三餐各自的原材料成本。例如，夏季蔬菜供应充足，午餐和晚餐的蔬菜成本可能相对较低；冬季某些反季蔬菜则会增加成本。这些原材料成本应按月汇总后交由财务部门进行审核，审核后方可结算。

1. 按用餐人员类别划分

（1）员工餐食。如果食堂同时供给员工和其他人员用餐，要把为员工提供一日三餐的成本单独划分出来。比如，员工早餐可能有补贴，那么这部分成本在计算时要考虑补贴政策对成本划分的影响；午餐是正餐，员工对菜品的要求和选择可能更多样，相应的成本计算也要根据菜品的供应情况进行；晚餐的成本划分同样要考虑员工的用餐习惯和消费模式。

（2）营业用餐（如果有对外营业）。需对对外营业的早餐、午餐、晚餐进行成本划分。例如，早餐如果有对外售卖特色早点，需要根据制作这些早点的原材料、人力、能源等成本进行单独核算。午餐和晚餐如果有不同的套餐或者点餐服务，要按照菜品准备、服务流程等计算每餐的成本，以确定合理的售价和利润空间。

（3）办公室用餐。需核算针对办公室人员特殊安排的一日三餐的成本。如办公室早餐可能是简单的咖啡、面包等轻食，成本主要集中在食材采购和简单的制作上；午餐可能是根据办公室人员的工作安排定制的餐食，成本要考虑定制的菜品和特殊服务的投入；晚餐如果有为加班人员提供的简餐，也要准确计算这部分的成本。

2. 日常膳食产品的成本划分

日常膳食是指一日三餐，即早餐、午餐、晚餐。早中晚三餐饮食需求不同，对于食品摄取的品类也有所不同。一日三餐的成本划分应根据个人的经济状况和生活习惯来确定。一般来说，早餐、午餐和晚餐的成本比例可以大致设定为3∶4∶3，这样的分配可以在保证营养均衡的同时，控制总支出。如果一天的伙食费用标准是40~50元，日常三餐的产品成本划分如下：

（1）早餐成本。早餐作为一天的开始，其成本相对较低。一般建议早餐成本费用控制在2~3元。具体安排可以包括：主食类，如馒头，每个0.5~1元；蛋白质类，如鸡蛋，每个0.5~1元；饮品类，如牛奶、米粥、果汁，每份0.5~1元。

（2）午餐成本。午餐是一天中较为重要的一餐，成本可以适当增加为10~15元。合理的搭配包括：主食类，如面条，每份1~2元；蔬菜类，如白菜、芹菜等，每份2~3元；蛋白质类，如禽畜肉、豆腐，每份6~8元；果品，鲜食水果如苹果等，每份0.5~1元。

（3）晚餐成本。晚餐同样重要，成本可以控制在5~6元。晚餐的安排可以是：主食类，如米饭、馒头，每份0.5~1元；蔬菜类，如萝卜、油菜等，每份1~2元；蛋白质类，如鸡蛋、鱼肉等，每份2~3元；饮品类，如果汁、米粥等，每份0.5~1元。

3. 一日三餐的进食量与成本的管理

目前科学的食量比例为3∶4∶3，普通成人早餐所占的热量比例为30%，午餐为40%，晚餐为30%。这种分配方式有助于确保上午的能量需求得到满足，同时避免晚餐过量摄入热量。如果在满足能量需求的情况下，多选择能量密度高的食物，食用量可能会相对减少，但单位成本可能较高；若多选择能量密度低的食物，如蔬菜等，食用量可能较大，但由于蔬菜价格相对较低，成本可能不会显著增加。

二、食谱与成本管理的关联

食谱中产品的分量和定价是相互关联的，直接决定着成本的高低。合理的分量既能满足顾客需求，又能控制成本。如果分量过大，虽然可能会吸引顾客，但会增加食材成本；分量过小则可能影响顾客满意度，导致销量下降，也不利于成本控制。定价方面，需要根据食谱的成本(包括食材、加工、售卖等环节的成本)来制定合理价格。

总之，食堂食谱大都是在固定的就餐标准下进行编排的，财务在确定毛利率以后，推算出一天的产品投入成本，按照日常膳食成本划分就可规划食谱了。就此而言，食谱是成本管理的依据和基础，食谱编排不能脱离产品成本结构与比值分配。二者相互关联且不能分割处置，一旦偏离这种关联，成本数据就会出现差异，从而导致成本管理失控，造成经营与管理的双向损失。

（一）食堂食谱对食材采购成本的影响

1. 食谱决定着食材采购量

食谱决定了食材的种类需求与数量，如果食谱包含多种稀有食材，采购成本必然上升。同时，根据食谱预估的食材采购量也影响成本，采购过多易造成浪费，过少则可能需紧急补货而增加成本。

2. 食材的季节性和价格波动

基于季节设计食谱能降低成本。当季食材价格低、供应足，若食谱顺应季节，如夏季多用新鲜瓜果，可减少开支；反之，非当季食材依赖进口或特殊培育，价格高，会增加成本。

（二）食堂食谱对加工制作成本的影响

1. 加工工序复杂程度

复杂食谱往往加工工序多，如一道工序烦琐的菜肴，需要长时间的准备、特殊的烹饪技巧和多道工序转换，这增加了人力投入和设备使用时长，从而提高了加工制作成本；而简单的家常菜式，工序少，人力和设备成本相对较低。

2. 烹饪设备与能源消耗

食谱不同，所需烹饪设备不同。若食谱常需使用大型或特殊设备，如烤箱长时间烤制菜品，不仅设备购置成本高，而且能源消耗大。而以简单蒸煮为主的食谱，能源消耗相对较少，设备损耗成本也相对较低。

（三）食堂食谱对库存管理成本的影响

1. 食材库存周转率

合理的食谱能提高食材库存周转率。如果食谱能均衡利用库存食材，避免某些食材长期积压，可减少库存成本，如库存中有即将过期的食材，食谱能及时安排使用这些食材，避免浪费，降低成本。

2. 库存食材种类多样性

食谱决定了库存食材的品类与种类，如果食谱要求的食材种类繁多且用量不稳定，会增加库存管理难度和储存成本，包括储存空间需求、库存盘点等成本；而精简的食谱对应的食材种类少，库存管理成本也会相应降低。

（四）食堂食谱对销售与服务成本的影响

1. 产品热度与售罄度

食谱中产品的受欢迎程度直接影响销售效率。受欢迎的产品销售快，减少人力和设备在销售环节的占用时间，降低销售成本；反之，不受欢迎的产品可能需要更多促销或处理，增加成本。例如，一道大众喜爱的红烧肉可能快速售罄，而一些创新但不受欢迎的菜品可能需要降价处理或者被浪费掉，这都增加了成本。

2. 菜品搭配与服务难度

食谱中的产品搭配合理与否影响服务难度。合理搭配产品可减少服务过程中的额外操作，如荤素搭配合理，顾客无须频繁要求更换菜品，降低服务成本；搭配不合理可能导致顾客抱怨，增加服务的时间和人力成本。

三、标准菜谱在成本管理中的应用

食堂标准菜谱是指食堂根据自身经营和产品质量水平的需要，对每一种产品的原料标准、配份数量、成品要求、工艺流程、标准成本等技术性质量指标作出具体规定的文字、图片综合资料。

标准菜谱通过规定菜品原料标准和配份数量等，可以精确计算菜品的成本，是食堂进行成本核算的基础与标准，在保证菜品质量的前提下合理控制食材采购量和成本支出，实现经济效益的优化。

食堂标准菜谱与成本的关系如下。

（一）成本核算方面

1. 精准标明成本

食堂标准菜谱明确了每道产品所需的食材种类和数量。例如，一道红烧肉的标准菜谱会详细列出需要多少猪肉、酱油、冰糖等，这使食堂能够精确计算出这道菜的食材成本。再根据市场上这些食材的价格，就可以准确算出制作这道菜的直接食材成本，有助于成本的精确核算。

2. 量化产品成本各项要素

标准菜谱有助于量化与产品制作相关的其他成本。比如，一道需要长时间炖煮的菜品，根据标准菜谱可以确定其烹饪所需的燃气量或者电量，从而将能源成本计算在内。同时，如果标准菜谱规定了使用某种特定的设备进行制作，也能将设备的折旧、维护成本分摊到菜品成本中。

（二）成本控制方面

1. 采购环节的成本控制

由于标准菜谱明确了菜品的食材用量，食堂在采购食材时就能够根据预计的产品供应量进行精准采购，避免了因盲目采购造成的食材积压或者短缺而增加的产品成本。例如，如果知道一周内要制作 100 份宫保鸡丁，则可按照标准菜谱计算出所需的鸡肉、花生米、黄瓜等食材用量，就能准确采购，减少库存积压导致的食材变质损失和资金占用成本。

明确的食材用量需求也有助于食堂在与供应商谈判时争取更有利的供货价格。如果食堂能提供详细且稳定的食材需求数量，能够做到长时间稳定采购，在供应商那里就能够争取到更优惠的价格，从而降低采购成本。

2. 制作环节的成本控制

标准菜谱规定了食材的配份数量，厨师按照标准操作可以避免食材使用的随意性，减少因执行标准不规范而造成的食材标准失控，从而影响产品成本的稳定性。例如，在制作一份炒青菜时，标准菜谱规定了使用 200 克青菜，厨师按照这个标准操作，就不会出现因为习惯或者不注意而多放青菜的情况，从而控制成本。

3. 提高效率

厨师按照标准菜谱熟悉的流程操作，能够提高制作效率。合理安排烹饪顺序、有序使用各种设备等，做到物尽其用，从而减少能源消耗和人力成本。如果一道产品的标准菜谱优化了制作流程，厨师按照流程操作，就能更快地完成菜品制作，降低单位菜品的制作成本。

（三）成本监督与调整方面

1. 成本监督依据

标准菜谱为食堂成本监督提供了明确的依据。管理者可以通过对比实际成本与按照标准菜谱计算出的理论成本，及时发现成本偏差。如果一道产品的实际成本明显高于按标准菜谱计算的标准成本，应立即组织相关人员进行产品成本分析，从而采取相应的措施进行调整。

2. 成本调整的基础

随着市场食材价格、人力成本、能源价格等因素的变化，食堂可以依据标准菜谱对菜品成本进行调整。例如，如果猪肉价格上涨，根据标准菜谱中猪肉在某道菜中的用量占比，可以计算出这道菜成本的增加幅度，从而决定是否调整菜品价格或者寻找替代食材来控制成本。

第二节 食堂产品价格管理

价格是市场经济中交换商品所需支付的货币量，而成本则是生产或销售产品所需要投入的资源量。两者之间存在紧密的联系。食堂产品成本与价格的关系复杂，深受诸多可变因素的影响，通过优化采购策略、优化流程管理、规范标准化操作以及合理的定价策略，可以有效控制食堂成本与科学定价，提高经济效益。

一、产品价格与成本的关系

按照食堂成本核算的价格体系阐述：

产品成本+毛利=产品价格

食堂产品成本与毛利之和等于产品价格，就此而言，产品的成本与价格密不可分。

1. 产品价格与产品成本的基本概念

（1）产品价格的定义。价格是指商品或服务所呈现的货币数量。

（2）产品成本的定义。成本是生产过程中所需要消耗的资源与费用的总和。

2. 产品价格与产品成本的关系

（1）产品价格对成本的影响。产品价格的变化会直接影响产品成本。当产品价格上涨时，产品成本也必然随之增长，不然会造成价格与成本之间的失衡，也就是产品毛利率的失控。

（2）产品成本对价格的影响。食堂的产品成本结构与产品的价格水平密切相关。当成本上升时，通常会将这部分成本转嫁到消费者身上，通过提高价格来维持利润水平；但是，食堂是先有固定的销售价格再确定的毛利率，进而得出产品成本。故此，食堂产品成本对价格的影响是巨大的。

3. 影响价格与成本的因素

（1）食客供需关系是影响价格与成本的关键因素之一。食堂固定的堂食量与食客的供需关系密切相关，预估食客供需(就餐人数)是控制产品成本的关键因素，也是影响销售额的直接因素。

（2）原材料成本。原材料成本是产品成本的重要组成部分，其价格波动直接影响产品的生产成本。原材料价格上涨会增加企业的生产成本，进而可能导致利润下降。

二、产品价格与毛利率

产品价格与毛利率之间存在着密切的关联。食堂销售价格是固定不变的，毛利率则是销售价格的决定因素，因此食堂毛利率是决定盈利的关键因素。由于食堂的产品价格都是固定不变的，财务所确定的毛利率也是固定不变的，也就是说唯有成本是可以调控的，即成本越高，毛利就越低，盈利空间就会越小。

（一）影响价格变动的因素

1. 市场需求和竞争情况

（1）市场需求的变化。市场对产品的需求量增加可能会使价格上涨，毛利率上升。相反，需求量减少可能导致价格下降，影响到产品成本与毛利。

（2）竞争情况。市场竞争激烈程度也会影响价格。在竞争激烈的市场中，食堂可能需提高产品质量与数量来吸引消费者，这会降低毛利率。

2. 成本结构

（1）直接成本的变化。食材成本与产品结构是影响产品毛利率的直接因素。如果产品的生产成本上升，而销售价格不变，则毛利率会下降。反之，如果成本下降，毛利率则会上升。

(2) 间接成本的影响。按照财务成本管理，除了直接成本外，企业的管理费用、销售费用等间接成本也会影响毛利率，由于食堂毛利率是针对生产成本而定的，不受其他任何费用的影响，因此可以说除产品成本以外的因素都不能影响毛利率的高低。这些间接成本的控制可以直接提升经营毛利从而实现增加利润的目的。

(二) 毛利率的核算

食堂毛利率是指在产品毛利与产品价格之间的比率关系。这一指标反映了食堂在经营过程中对产品成本的控制能力和盈收水平。在餐饮行业中，尤其是员工食堂，毛利率的合理设定对于确保财务健康和员工满意度至关重要。

1. 毛利率的计算公式

$$毛利率=\frac{产品销售价格-产品成本}{产品销售价格}\times 100\%$$

2. 毛利率的关系计算公式

毛利率是衡量企业盈利能力的重要因素，它反映了销售收入中扣除直接成本后剩余部分的比例：

$$毛利=产品销售价格-产品成本$$

例题：

食堂当天的营业收入为 10000 元，投入产品成本为 5600 元，求：营业毛利是多少？毛利率是多少？

解：依据毛利与毛利率的计算公式：

$$营业毛利=10000-5600=4400(元)$$

$$毛利率=\frac{10000-5600}{10000}\times 100\%=44\%$$

答：毛利是 4400 元，毛利率是 44%。

通过以上例题不难看出产品价格、产品成本、营业毛利之间的换算关系，在产品成本管理中，可以通过这些换算关系的变化来判断经营管理状况，由此成为监管、控制成本的手段。

3. 毛利率在产品价格中的呈现形式

毛利率在产品价格中的呈现形式有成本毛利率和销售毛利率。

(1) 成本毛利率。产品毛利在产品成本中占的比率就是成本毛利率。成本毛利率的计算公式为：

$$成本毛利率=\frac{毛利}{产品成本}\times100\%$$

（2）销售毛利率。产品毛利在产品销售价格中占的比率就是销售毛利率。销售毛利率计算公式为：

$$销售毛利率=\frac{毛利}{产品销售价格}\times100\%$$

（3）毛利率控制范围。员工食堂的毛利率设定应当考虑产品品质与性价比，确保既能够在产品成本控制范围内实现盈利，又能够为员工提供价廉物美的堂食服务。食堂的毛利率可以设置得相对较低，但需要根据食堂的详细成本结构来确定，并且还应该参考同行业其他食堂或者企业内员工的支付意愿。

食堂毛利率由财务根据经营管理需求设定，销售毛利率为40%～50%；成本毛利率为60%～70%。食堂毛利率的高低不仅关系着企业的盈利能力和成本控制，还直接影响员工的满意度，以及企业社会责任的履行。无论是员工食堂还是学校食堂，合理设定和控制毛利率都是确保长期运营和可持续发展的关键。

三、产品毛利率的管理

毛利率是指食堂在提供产品或服务时，销售收入减去销售成本后的余额占销售收入的比例。它是衡量食堂运营财务成本管理与服务质量的重要指标之一，同时反映了企业在生产和销售过程中的成本控制能力。

（一）确定毛利率的原则

关于食堂毛利率的原则，目前没有找到直接相关的介绍。不过，可以提供一些关于餐饮毛利率的一般原则，这些原则同样适用于食堂。

1. 成本控制

毛利率反映了餐厅或食堂的盈利能力，因此需要严格控制成本，精准确定毛利率范围标准，加强管控措施。

2. 定价策略

合理的定价策略对于维持适当的毛利率至关重要。定价过高可能导致顾客流失，而定价过低可能无法覆盖成本。

3. 市场定位

不同类型的食堂有不同的毛利率范围。快餐类的毛利率通常在50%～60%，而高端正餐类或特色餐饮类的毛利率可能更高；相反，以服务为目的的食堂毛利率就需要低一些，盈利能够满足成本开支即可。

4. 顾客满意度

毛利率的设定不应以牺牲顾客满意度为代价。如果毛利率设置过高，可能会导致菜品价格上涨，影响顾客的消费体验。

综上所述，食堂在确定毛利率时，应综合考虑成本控制、定价策略、市场定位和顾客满意度等因素，以确保可持续的运营和顾客的长期满意。

（二）毛利率换算公式的应用

1. 毛利率等价换算公式

（1）计算成本的公式：

$$成本=售价\times(1-毛利率)$$

（2）计算毛利率的公式：

$$毛利率=(售价-成本)\div售价\times100\%$$

（3）计算售价的公式：

$$售价=成本\div(1-毛利率)$$

2. 毛利率在价格决策中的应用

食堂在运营过程中，可以利用毛利率定期核算菜品成本。例如，每月或每季度进行一次成本核算，通过计算实际成本与根据毛利率设定的目标成本进行对比，如果实际成本高于目标成本，就需要分析是食材浪费、采购价格过高还是其他原因导致的，进而采取相应的改进措施，如加强员工培训以减少食材浪费、重新与供应商谈判采购价格等。

例如，制作菜品成本卡时，需要精确计算每个菜品的成本和毛利率。通过成本卡可以清晰地看到每个菜品的成本构成，包括各种食材、调料、油等的成本占比。如果发现某个菜品的成本过高，影响了毛利率，可以有针对性地调整食材用量或者更换食材品种，以达到控制成本，提高毛利率的目的。

（三）毛利率的其他应用

1. 新菜品定价

在推出新产品时，可以根据成本和期望的毛利率来确定售价。首先计算出制作新产品的所有成本（包括食材、调料、人工、分摊的固定成本等），假设新菜品成本为 15 元，食堂期望的毛利率为 40%，根据售价=成本÷(1-毛利率)，可得售价=15÷(1-40%)=25(元)。这样就能合理地确定新菜品的价格，既保证了食堂的盈利空间，又能在市场上具有一定的价格竞争力。

2. 参考市场上类似产品的毛利率情况来定价

如果市场上同类产品的毛利率普遍较高，食堂可以在保证自身成本和合理利润的前提下，适当提高新产品的价格；反之，如果市场上同类产品毛利率较低，食堂可能需要在成本控制上更加精细或者考虑通过其他方式(如特色服务、组合销售等)来增加利润。

3. 产品价格调整

当食堂运营成本(如食材价格、人工成本等)发生变化时，需要考虑调整产品价格。通过毛利率换算，可以分析成本变化对毛利率的影响程度，从而确定产品价格调整的幅度。

例如：某菜品原本成本为8元，售价为15元，毛利率=(15−8)÷15×100%≈46.7%。如果成本上升到10元，为了保持原来的毛利率，根据售价=成本÷(1−毛利率)，新售价=10÷(1−46.7%)≈18.8(元)，食堂可以根据这个计算结果调整售价。

4. 整体利润评估

计算综合毛利率可以帮助食堂评估整体的盈利能力。综合毛利率是各个经营类别的毛利率加权平均数，如食堂厨房毛利率、厨房外卖品毛利率、食堂额外营业收入产品毛利率等。综合毛利率较高，说明整体盈利情况较好；如果综合毛利率较低，就需要分析是哪些部门或产品的毛利率较低，进而采取措施改进。不管毛利率是升高还是降低，都可能存在异常，这直接说明产品成本管控出现问题，应立即采取应变措施。

5. 对比不同时间段的毛利率

可以评估食堂的经营效益变化趋势。例如，本季度的综合毛利率比上季度提高了，可能是因为成本控制得更好，或者产品定价策略调整得当等；如果毛利率下降，则需要深入分析是成本上升、销售额下降还是其他原因造成的，以便及时调整经营策略。

6. 计算单品毛利率可以评估每个产品对食堂利润的贡献

对于毛利率高且销量大的菜品，食堂可以重点推广；而对于毛利率低甚至亏损的产品，可以考虑优化菜品配方以降低成本、提高价格或者直接淘汰。例如，某食堂通过分析发现，红烧肉菜品的毛利率为30%，而西红柿炒蛋的毛利率只有

15%，且两者的销量相近。那么食堂可以考虑在保证菜品质量的前提下，优化西红柿炒蛋的食材采购或者调整价格，以提高其毛利率；如果优化后效果不明显，可以适当减少西红柿炒蛋的供应，增加红烧肉的供应。

四、产品成本卡

产品成本卡是一种用于记录和管理菜品成本的工具，其主要目的是通过详细记录每道产品的原料、调料和人工成本，帮助食堂实现成本控制的良性化、规范化与精准化。本文将详细介绍菜品成本卡的定义、作用、制作方法及其在餐饮管理中的重要性。

（一）产品成本卡的作用

1. 成本控制

产品成本卡的主要作用之一是帮助企业控制成本。通过详细记录每道菜品的原料消耗成本，食堂可以归纳出哪些产品的成本较高，并采取相应的措施进行优化。例如，通过调整配方或采购策略，降低高成本菜品的原材料费用，从而实现成本控制。

2. 利润分析

产品成本卡还能够帮助食堂进行利润分析。通过对每类产品的成本和售价进行对比，以及不同时间阶段的汇总与分析，计算出每类产品的毛利和毛利率。这有助于企业了解哪些产品盈利能力较强，哪些产品需要调整工艺流程和成本结构，从而提高整体盈利能力。

3. 优化食谱

产品成本卡还可以帮助企业优化食谱。通过对不同产品的成本和利润进行分析，食堂可以识别出哪些产品对利润贡献较大，哪些产品成本较高、利润较低。基于这些数据，可以对食谱进行调整，增加高利润产品，减少低利润产品，从而优化食谱结构。

（二）产品成本卡的制作方法

1. 收集产品成本数据

制作产品成本卡的第一步是收集每道产品所需的原料和调料成本。这需要企业详细记录每种原料和调料的单价和用量，并计算出每道产品的总成本。

2. 计算人工成本

除了原料和调料成本外，人工成本也是财务成本管理的重要组成部分。企业需要记录制作过程中所需人工的时间和工资水平，并计算出每天的人工成本。相关数据可以通过员工工作日志和工资单等获取。

3. 计算其他间接费用

有一些间接费用也需要考虑，如厨房设备折旧、水电费等。这些费用虽然不是直接用于某一道菜品的制作，但也是菜品成本的一部分。企业需要根据实际情况，将这些间接费用合理分摊到每道菜品上。

4. 制作成本卡表格

将所有收集到的数据进行汇总与分析，制作成产品成本卡表格。表格中应包括菜品名称、原料和调料成本、人工成本、间接费用及总成本等信息。通过这张表格，食堂可以一目了然地了解产品的成本构成。

第三节　食堂销售成本管理

食堂销售成本管理是指通过一系列的管理制度、流程和措施，实现销售过程中成本管控的规范化与精准化，确保食品质量，提升服务满意度。有效的食堂销售管理不仅能满足消费者的需求，还能加强食堂的产品成本管理，提升运营效率。

一、产品销售与成本的关联

食堂销售成本核算是确保食堂财务健康运行的关键环节。它不仅关系到食堂产品的运营情况，更是评估食堂运营效率和成本控制能力的重要指标。通过科学的成本核算，食堂经营者可以更好地了解各项成本构成，从而做出更合理的经营决策。

1. 食堂销售与成本管理

食堂成本管理是食堂在运营过程中，对各项成本费用的发生过程进行计划、控制、核算、分析和评价等一系列管理活动的总称。食堂成本管理的主要目标是通过科学合理的管理方式，以最小的成本创造最大的价值。成本管理人员需要具备严谨的逻辑思维和敏锐的洞察力，能够及时发现食堂成本方面存在的问题并提出有效的解决方案。同时，还需要具备出色的沟通能力和协调能力，能够与各个部门密切合作，共同推动食堂成本控制工作的顺利开展。更重要的是需要不断学习食堂的生产工艺与成本结构的形成方式，掌握生产过程中各种成本管控的环节与控制措施，做到随时更新成本管理知识，以适应市场变化和食堂经营发展的需要。

2. 食堂销售成本与经营决策

食堂的财务管理体系，离不开有效的财务成本分析来支撑整个经营活动的决策。如果仅关注营业额、回款情况等数据，而忽视财务的成本分析数据或缺少沟通，那就会导致经营管理逐渐走向失控与混乱，后果不言而喻。另一个现实问题是，各项业务成本数据的获取需要其他部门配合，共同建立运营成本管控体系。

二、食堂产品销售模式管理

（一）食堂产品销售模式

食堂的产品销售模式主要包括自助售餐模式、刷脸支付模式、扫码支付模式以及智能双屏售餐模式。

1. 自助售餐模式

又称为自主点餐模式。根据堂食呈现的产品预先锁定销售价格，食客自主取餐，所取产品的器皿色泽有所不同，食堂售饭机根据所取餐食累计后实施结算。现在比较先进的是以自取餐食重量来计核结算的模式，食客每取一份餐食，食堂自主售餐系统就自动累计出销售额度。后者模式有两大优势，一是食客自助取食并能够按自己的喜好取餐，实现人性化服务；二是食客自助量化取食在很大程度上降低了销售过程中的成本消耗，提高了“销售出品率”。

2. 刷脸支付模式

食堂售饭机支持刷脸支付功能，用户在机器前扫脸，即可完成支付，购买菜品。这种支付方式不仅方便快捷，还能有效防止冒用他人身份的行为。

3. 扫码支付模式

用户在食堂售饭机前，通过扫码的方式完成支付购买菜品。该支付方式适合采用零点销售模式的食堂，食堂堂食需要逐份呈现菜品，扫码支付简单直观。许多食堂外包项目就是这种零点式就餐服务模式。

4. 智能双屏售餐模式

在双屏刷脸食堂售饭机上，用户可以通过触摸屏选择菜品，食堂售饭人员也可以通过屏幕进行下单和结算操作。这种模式的食堂大多设置了销售结算环节，旨在缩短排队时间。

（二）食堂产品销售模式管理流程

1. 销售模式规划

（1）确定目标受众群体。首先要明确食堂的服务对象，例如，是学校的学生、企业的员工还是社区居民等。不同的受众群体在饮食需求、消费习惯和消费能力等方面可能存在差异。比如，学校食堂，学生可能更注重价格实惠和菜品的多样性；企业食堂则可能要考虑员工的工作时间和不同部门的需求等。这有助于确定食堂产品的定位和销售模式。

（2）选择销售模式。

1）传统窗口售卖模式。这是较为常见的模式，顾客在食堂的售卖窗口选择菜品，食堂工作人员进行打餐并计价完成销售。这种模式适合菜品相对单一固定、顾客流量较小且集中用餐的情况。但是，顾客需要多次取餐结算，流程烦琐，这种模式现在已经基本上被淘汰。

2）自助销售模式。顾客根据自己的需求自行选取菜品，最后按照所选菜品的重量与份数进行计价，有固定餐标的食客，进入餐厅先打卡结算然后再自助取餐。这种模式可以满足顾客多样化的口味需求，同时也能减少食堂工作人员的打餐工作量。

3）预订销售模式。顾客预订特定的菜品或者套餐，食堂根据预订情况进行食材准备和制作。这种模式适合一些特色菜品、大型聚餐以及预订盒饭等情况。比如，企业食堂承接团队聚餐业务，或者食堂推出限量版的特色菜品时，可以采用预订销售模式。

2. 销售前的准备

（1）产品准备。根据销售模式和目标受众群体的需求确定产品的种类和数量。采用自助销售模式，既要保证产品的供应量能够满足顾客的需求，同时又要避免过度浪费而影响到产品销售成本；这对食堂厨房的备餐要求标准非常高，因为厨房按照固定的餐标和就餐人数备餐，开餐时食客的就餐喜好与就餐人数的变化难以完全掌控。只有通过分析历史销售数据或者进行市场调研，了解顾客对不同菜品的喜好程度，才能合理安排菜品的供应比例，确保产品的质量和销售成本管控。

（2）价格制定。市场常规操作是根据食材成本、制作成本（包括人工、设备折旧等）、市场竞争情况以及目标利润率等因素制定菜品价格。食堂则有所不同，通常是先确定销售价格，销售额度取决于开餐时的就餐人数，这样销售成本的高低取决于受众群体的就餐率，食堂对于备餐管理与掌控销售出品率就成为关键。

（3）销售渠道的建立和宣传。不建议食堂采用线上点餐模式，要建立适合食堂的稳定销售平台和销售系统。例如，自助取餐销售模式或者是自助式销售模式。同时，要通过多种渠道进行宣传推广，如企业内部通知（针对企业食堂）、学校官方网站或公众号（针对学校食堂）等，让顾客了解食堂的销售模式和产品信息。

3. 销售过程管理

（1）顾客接待与服务。在传统窗口售卖模式下，工作人员要保持良好的服务态度并保持与食客的良好沟通，第一时间掌握食客的消费信息（如产品品质、餐食量、口味与习惯），在快速准确地为顾客提供餐食的同时，收集产品信息反馈并积累产品生产和销售的基本资料，便于在实际运营中优化产品结构与成本结构。

（2）销售数据记录与分析。无论是哪种销售模式，都要利用销售系统精准记录销售数据，包括各种产品的销售数量、顾客信息（如年龄、性别、消费频率等）。结合食堂财务对成本与销售数据的分析，掌握销售过程中成本的控制节点，做出及时精准的产品成本与销售成本的管控决策，为菜品的调整、价格的优化以及销售模式的改进提供依据。例如，如何优化产品结构与成本，如何把控销售过程中的成本控制措施等。

（3）库存管理与调整。根据销售数据及时调整库存，确保食材的新鲜和供应量。根据财务统计数据与分析，食堂单一特色产品的调整要在第一时间与采购、储存部门沟通。无论是季节性食材的调整还是短时间的供应需求变化，都会对产品成本和销售成本产生影响。所以要做好库房的库存管理，防止因食材的浪费和损失造成的成本损耗。

4. 销售后的反馈与改进

（1）顾客反馈信息收集。建立多种顾客反馈渠道，如意见箱、线上评价系统、客服电话等。加强销售后台信息的管理，及时整理汇总形成周期性的信息资料。在食堂的餐桌上放置二维码，顾客可以通过扫描二维码进入评价页面，对当次用餐的体验进行评价，这是一种广受欢迎且直接的信息采集方式。

（2）定期对顾客反馈进行整理和分析，归纳产品质量信息、销售管理信息以及服务信息。了解顾客的满意和不满意之处，及时跟踪整合相关信息并做出科学的、精准的分析，在第一时间反馈给食堂管理部门。这有助于提升产品质量管理水平与产品销售管理水平，优化产品成本与销售成本。

（3）销售模式的优化与创新。根据顾客反馈和市场变化，不断优化现有的销售模式。例如，如果发现顾客对线上点餐的配送速度不满意，可以考虑优化配送流程或者增加配送人员；如果市场上出现了新的竞争对手或者新的消费趋势，可以考虑引入新的销售模式或者对现有模式进行创新。

三、产品销售服务成本的管理

食堂产品销售服务成本是指受众群体在饮食消费时，食堂实施饮食服务过程中所发生的产品消耗和相关费用。平时财务成本管理中极少关注销售服务过程中的成本消耗，例如，一是产品备餐信息与生产信息的沟通；二是产品销售剩余量的成本消耗管理。

（一）产品销售服务信息与生产信息的沟通

产品销售服务信息包含就餐顾客基础信息、销售产品品类信息、就餐新业务的需求等。

1. 就餐顾客基础信息

就餐顾客信息包括当日、当餐就餐人数有无变化，顾客群体中有无特殊活动（如结婚、外出旅游、加班轮休等）。以上情况都会引起就餐人数与餐次的波动，及时了解这些并与厨房沟通，做出产品的相应变化，可避免产品过剩或者不足带来不必要的成本消耗。食堂属于团体就餐服务，就餐人数相对稳定，一般不会出现大的波动，如果出现波动，对产品成本损耗影响是很大的。例如，某单位职工孩子结婚，许多人去帮忙或者去吃喜酒，本来固定就餐人数是500人左右，突然有100多人参加婚礼不来食堂就餐，食堂就餐标准是40元/人，那就会有4000元的产品损耗。故此，及时掌握顾客就餐信息对于产品成本控制至关重要。

2. 销售产品品类信息

食堂产品品类是指当餐伙食中的主、副食品种以及送餐盒饭、外卖品种等。

食堂生产产量与品类管理是确保食堂运营效率和成本控制的关键环节，有效的销售产量管理有助于优化产品结构和成本结构，进而推动资源分配、生产管理流程与销售管理流程的优化，提高整体运营效益。另一个关键信息就是要把握平时就餐人数流量的统计与分析，同时把平时顾客对产品质量的反馈建议及时整理并与厨房沟通。这么做的目的在于控制产品生产数量与质量，同时加强对销售数量的把控和销售成本精细化的管理。

3. 就餐新业务的需求

食堂在维持正常正餐堂食服务的同时，还要满足服务受众群体的外卖、特色产品预订、特殊团餐服务(如会议餐、业务接待等)需求。及时了解服务对象的特殊需求，有利于及时与厨房沟通，实现食材调配、产品调控以及食材的综合利用等，由此对于产品成本的管理做到精细化，维持成本管控良性循环。

(二) 食堂产品销售出成率管理

销售出成率，也称为销售出品率，是衡量食堂产品质量与销售成本管控的重要指标之一。它是指厨房加工的原料份数与组配之后能出品的份数产品之比，是衡量厨房出品与产品成本，以及销售过程管理与成本管控的关键指标。也就是说厨房产品是产品成本的关键节点，同时也能贯通到销售管理过程中取餐的量化管控与销售成本管理。例如，食堂备餐数量是 200 份，然而在销售过程中实际取餐份数为 180 份，或者就餐人数增加到 220 人，这都属于产品销售出品率的管控范畴。销售取餐份数的多还是少都会直接影响到最终的产品销售值和食堂利润。

1. 产品销售出成率的计算公式

在餐饮行业中，出成率(或称出品率)是衡量厨房操作效率的重要指标，具体计算公式如下：

$$出成率=\frac{实际售出产品份数}{产品成本投入产品份数}\times 100\%$$

实际售出产品份数是按照产品销售等量份额标准销售出的产品数量(份)；产品成本投入产品份数是按照产品生产成本卡投料生产的产品数量(份)。

例题：

食堂食谱午餐中有“红烧肉”，按照菜品成本卡需要制作 300 份，每份的投料成本为 5.6 元；午餐 300 人就餐，实际上有 30 人没有吃到红烧肉，及时增补 30 份红烧肉。求：本餐红烧肉的销售出成率是多少？产品成本又增加了多少？

解：根据销售出成率计算公式，

$$红烧肉销售出成率：\frac{300\text{份}-30\text{份}}{300\text{份}}\times100\%=90\%$$

$$增加成本：30\text{份}\times5.6\text{元}=168\text{元}$$

答：红烧肉的本餐出成率为 90%。红烧肉销售产品成本增加 168 元。

2. 产品销售出成率的应用

销售出成率是伙食产品的备份管理与销售成本控制的必备工具。通过以上的例题可以看出午餐红烧肉的出成率为 90%，损失成本 168 元，类似这样的情况频繁出现，该如何来控制销售成本呢？

（1）分析原因。厨房备餐时忽略了“红烧肉”是受众群体特别喜欢的菜品，就餐者取餐时分量有所增加；服务管理中对于就餐者人数预估失准。

（2）处置措施。加强特色菜品的备餐管控，要比一般菜品备份多出 10%～15%的量，但是，产品成本总量不变。销售服务人员需及时对就餐情况进行预判分析，并与厨房沟通就餐人数的变化。

3. 销售出成率管理的常见情况

一是就餐人数增减带来的变化，造成销售出成率降低。

二是特色菜品受众群体增加午餐分量造成的销售出成率降低。

三是由于菜品质量问题，导致就餐者取餐分量减少，菜品剩余，由此造成的成本损失也属于这个管理范畴。

（三）产品销售剩余量的成本消耗管理

食堂在就餐服务过程中，由于就餐人数变化或者是产品备份与产品质量问题，导致菜品剩余，进而造成成本损失。食堂在运营过程中，如何有效控制产品备份与销售产品的剩余量，是影响销售产值与销售成本管控的关键因素。

以下是一些关键的控制要点。

1. 销售服务就餐人数预估

就餐人数预估对于剩余管理至关重要，人数增减都会致使成本失控而影响服务质量。销售服务针对就餐人数预估建立规范管理措施，分析服务对象的就餐时间、单位生产与活动规律以及特殊情况需求，制定应对的预估办法，建立就餐预估档案，实时分析就餐动态并评估就餐规律。平日与厨房及时沟通就餐信息，做好就餐服务工作。

2. 厨房产品备份管控

厨房的产品备份与产品销售成本有着密不可分的关联，产品备份数量直接决定着产品销售成本的高低。备份数量超出就餐需求量无形之中会提高销售成本，如果备份数量不足又会影响到服务质量，也就是间接地影响到销售成本。食堂就餐人数为 300 人，当餐食谱每一个产品按照成本卡的投料标准进行备份；按照一餐的就餐成本划分每人当餐投入的成本为 20 元，再按照菜品架构将成本分配到每一个菜品。通常认为，所有菜品均按 300 份备份并核算成本。理论上这样备份管理看似是合理的，但是，实际并不是这样的。正确的备份应该按照就餐人数变更，菜品备份需要上下浮动 10%左右，而且要把浮动的产品成本分摊到实际备份的菜品成本中。

例如：500 人就餐，人均成本为 15 元，总计为 7500 元，上浮 10%的成本投入应该是 8250 元，此时人均成本上升至 16. 5 元。因此，实际的备份投料成本按照标准成本浮动 10%处理是较为合理的，其目的在于加强对剩余菜品成本的管控。总之，食堂菜品的成本卡相比餐饮业的菜品出库会有 10%的浮动。

3. 销售产品剩余量评估

厨房按照菜品成本卡实施备餐作业，但由于就餐顾客自行控制取餐量，经常出现堂食菜品剩余的情况，因此销售产品剩余量的评估就尤其重要。其评估方法与产品销售出成率的评估方法相同：

$$\text{出成率}=\frac{\text{实际售出产品份数}}{\text{产品成本投入产品份数}}\times 100\%$$

例题：

食堂食谱午餐中有“红烧肉”，按照菜品成本卡需要制作 300 份，每份的投料成本为 5. 6 元；午餐 300 人就餐，实际上有 30 份的剩余。求：本餐红烧肉的销售出成率是多少？产品成本又剩余了多少？

解：根据销售出成率计算公式，

$$\text{红烧肉销售出成率：}\frac{300\text{ 份}+30\text{ 份}}{300\text{ 份}}\times 100\%=110\%$$

剩余成本：30 份×5. 6 元=168 元。

答：红烧肉的本餐出成率为 110%。红烧肉销售产品成本剩余 168 元。

此时的出成率是高于 100%的，高出的比例就是销售产品成本的比值。按照厨房备份成本核算来讲，10%的成本浮动尚在成本控制范围内，如果超出 10%的浮动，那么超出的那部分成本就是增加的销售产品成本，从而带动的是经营成本的攀升与利润的降低。

总之，食堂销售产量管理对于保障食堂运营与生产、销售成本的管控具有深远的意义。可以通过有效的库存管理系统，准确记录进货和销售数据，定期盘点库存，进行数据分析和优化管理，制订详细的成本控制方案，提升员工培训和管理水平，建立完善的供应链管理体系，利用信息化工具提升管理效率与销售成本管理效果。在此基础上制定科学的财务成本管理制度和管控流程，进而提升食堂的销售产量管理与成本管理水平，从而提升食堂整体运营水平。

第四章
人力资源与能源成本管理

食堂成本管理是指通过对经营过程中各项成本指标的合理控制和优化管理，以实现提高效率和服务质量的管理效果。这包括食材采购成本及加工生产、人力资源成本与能源费用、设备折旧及维修成本等多个方面。与食堂产品相关的属于直接成本，其余的属于间接成本，人力资源成本和能源成本与经营成本的关联也是至关重要的，因为二者都是其他成本管理效应的决定因素。食堂成本管理对于提高运营效率、保证服务质量以及增强竞争力具有重要意义。

第一节　食堂直接成本与间接成本管理

有效的食堂成本管理不仅能降低成本、提高利润，还能确保食品质量和服务水平的持续提升。食堂成本管理涵盖的项目较多，每一项成本管控都会直接影响成本管理的最终效果。食堂的成本可以根据其属性分为直接成本和间接成本两大类。

1. 直接成本

食堂直接成本是指生产产品过程中发生的食材成本。具体来说，食堂的直接成本主要包括：粮油类、蔬菜水果、禽畜肉类、水产品与调料等。

2. 间接成本

间接成本是指那些在食材之外的运营过程中发生的成本费用。食堂的间接成本包括：用于加热和烹饪的燃料等能源费用；日常运营的水电费用；人力资源成本、设备维护费用和保障食堂设施正常运作的行政管理费用。

一、食堂直接成本与间接成本管理的概述

食堂的直接成本和间接成本相互依存，共同影响着食堂的整体盈利能力和可持续发展。

（一）直接成本管理

直接成本主要是生产产品中，与原材料相关联的费用，也就是食堂产品的食材成本。主要指食堂产品生产加工所需的原材料、辅料和调料的费用。

1. 建立成本标准

（1）制定菜品毛利率。明确菜品的直接毛利率，这有助于从整体上把控成本与收益的关系，因为毛利率是菜品定价和成本控制的重要管控指标。

（2）合理制定菜品价格。根据成本和预期利润指标，有计划地确定食堂主、副食产品价格及销售量，确保在生产过程中实现成本控制目标，为服务群体提供更优质的服务。

（3）确定产品的食材组配。针对菜谱中的各个产品，合理制定主、辅料配比，并根据产品特性确定烹制过程中调料（如油、盐、味精等）的用量，提高产品生产的出品率，严控食材浪费现象并杜绝不必要的成本支出。

2. 申购与验收管理

（1）按需申购。食堂物资的申购要依据产品生产需求、食谱结构安排和产品销售情况，有计划地进行，确保申购量既满足食堂运营，又不会造成食材积压而带来浪费。

（2）严格验收。由仓库保管员、采购员和厨师长三方共同负责物资验收。主要是对食材的品质与数量、品类规格标准以及供应商相关资质进行验收。验收过程中严格执行“复称”流程操作并杜绝短斤少两、腐烂变质、以次充好等现象的发生，把好食材验收这个管控节点。

3. 加工切配环节成本控制

（1）提高食材利用率。食材加工的标准来自食堂产品的标准菜谱，在规范精准执行加工标准的同时，关键在于提高食材的综合利用率，做到因地制宜、合理取材、精准加工，合理组配边角余料，减少浪费。

（2）烹调过程成本控制。根据每道产品的烹调特性，采用适宜的烹调方法并不断优化操作工艺，严格管控烹调过程中因操作失误与投料失准带来的成本损

耗。其主要包括控制投料标准、烹调时间、火力大小以及出品时间等，在保证菜品质量的同时随时注意控制成本的细节。

（3）合理使用调味料。遵循菜品的质量成本标准，合理控制调味料的用量。食堂产品属于大批量生产操作，看似用量少的调味品，实际使用总量可观。对于需要称量的调味品，务必准确称量，能够事先精准调配应提前组配，并在烹调过程中做到投放精准，避免调味料的浪费，从而导致成本增加。

4. 售卖环节成本控制

（1）制定售卖量化标准。明确产品售卖取餐与打餐的量化标准，如米饭 50g/份、红烧肉 100g/份等，使售卖过程有明确的成本控制依据。

（2）严格控制一次性用品的消耗。严格把控饭菜分量与一次性用品的用量，杜绝因消耗品用量失控带来的成本损失。

（3）物资存放保管。强化物资的存放保管工作，关注食材与半成品的储存管理与估清管理，做到及时处置剩余食材，避免因储存变质造成成本损失。

（二）间接成本管理

1. 人力资源成本控制

（1）合理编制人员。根据食堂的经营状况和岗位设置，制定科学的人员编制，明确各食堂人力工资成本占营业收入的比例范围，避免人力资源过剩导致运营成本过高。

（2）避免人力浪费。加强员工培训力度，提高员工的职业素养与工作技能，从优化岗位设置与生产工艺流程着手，提高人力资源的产能，实现人力资源管理的良性循环。

（3）制定合理的薪酬结构。食堂薪酬结构包含基本工资、技能工资、绩效工资与奖金等。薪酬是稳定和激励员工积极工作的关键因素，其中薪酬结构的科学配比优化管理尤为重要。绩效工资的占比是提高工作效率、服务质量的关键因素之一，因此，合理的薪酬配比能够很好地激励员工积极工作。

2. 能源成本控制

（1）制定控制比例并分配责任。按照食堂生产需求，科学规定食堂水、电、燃料成本的管控比例，并将控制比例分配到各个班组，各班组指定专人负责，从而实现对水、电、燃料成本的有效管控。

（2）使用节能设备。在食堂中广泛推广使用节能设备，优化生产设备的自动化系统，提高设备的节能功能，如节能灯、节能灶具等，减少能源消耗。

3. 设备维护成本控制

（1）责任管理。将食堂厨具设备分配到专人负责操作与维护，操作人员经过培训后上岗，要求能够熟练操作设备，并且能及时解决常规故障，延长设备使用寿命，减少设备维护成本。

（2）建立维修档案。所有设备自购进之日起，就要建立设备维修与使用档案，对设备维修与管理进行台账记录，进而实现设备维修的精细化管理，提高设备的使用效率。

二、直接成本与间接成本的优化管理

食堂成本控制管理方案的核心目的是通过一系列措施，优化产品结构与生产工艺流程，提升食堂成本综合管理标准，有效降低食堂运营过程中的各项成本指标，切实维护食品质量和服务水平。以下是一些关键的策略和方法。

（一）直接成本的优化管理

1. 直接成本优化策略

（1）采购优化。直接到生产厂家、农户或一手批发商那里进货，尽量减少流通环节，实施源头采购。同时，通过市场调研，筛选出物美价廉的食材，在同等采购环境下实施就近进货，以减少采购环节与采购费用。

（2）库存管理。加强仓库管理，坚持先进先出的原则，杜绝食品积压而造成的食材浪费。采购人员严格按照采购计划进货，避免计划不周造成的浪费。

（3）浪费控制。从食材加工、成品生产到产品售卖的每个环节，都要加强对生产流程与环节管控。食堂管理员要全面督查整个过程，并在产品生产过程中及时杜绝各种浪费现象。

2. 成本控制步骤

（1）标准成本的建立。从食堂产品的标准菜谱着手，确定产品毛利率，合理制定食堂主、副食产品结构与配比，以及食谱中各个产品的主、辅料配比和调料用量，完善各类产品以及销售、人力资源、能源消耗等各种标准成本，实现食堂成本管理的标准化。

（2）实际成本的应用。以月为单位评估、汇总食堂成本的各项控制指标，对应标准成本进行财务分析，依照分析结果撰写针对性、精准化、科学化财务成本分析报告。由食堂管理层组织有效的调整与优化措施，保持食堂运营的良性循环。

（3）成本控制方法。

1）优选供应商。对市场食材价格保持高度的敏感性，定期筛选供应商，保持良好的供货渠道，与供应商建立双赢的供求关系。

2）成立食堂监督小组。定期对市场进行询价，确保原材料价格、质量、数量的合理性。

3）严格执行采购与验收标准。采购员依据采购标准和采购计划实施采购，厨师长在物资申购时要充分把握季节性蔬菜价格，确保物资数量准确、品种齐全、价格合理，且储存管理保持良性运行。

3. 智慧食堂成本管控策略

食堂管理应该积极对接智慧食堂管理系统，该系统作为现代食堂管理科学有效的工具，可通过科技手段实现食堂成本的精细化管理。

（1）智慧进销存管理。利用物联网技术对进货、入库、出库等环节的物资进行实时监控和追踪，确保食材的新鲜度和质量符合标准。

（2）智慧食品安全管控。采用科学的方法和技术手段，确保食材的新鲜度和品质，防止食材在生产加工和储存过程中变质，从而避免成本损失。

（3）利用智慧销售系统。通过现代食堂智慧销售系统和财务管理系统，精准统计就餐流量与成本消耗数据，有效地采取优化管控措施，提升运营管理效果与成本管控效果。

食堂直接成本的优化管理需要从多个方面入手，包括采购优化、库存管理与控制、标准成本的建立、记录实际的操作成本、优选供应商、成立食堂监督小组以及物资的申购、验收的成本控制等。同时，智慧食堂通过智能化管理系统和设备的应用，为食堂带来更加高效、精准的运营管理，为消费者提供更加优质、便捷的用餐体验。

（二）间接成本的优化管理

食堂的间接成本是指那些不直接与食材采购、加工等核心业务相关，但对食堂运营总成本有重要影响的成本。包括设备折旧与维修成本、能源消耗成本、人力资源相关间接成本（如员工福利管理成本等）、清洁用品及餐具损耗成本等。

1. 设备折旧与维修成本

（1）设备管理规划。建立设备档案，详细记录设备的购买日期、价格、使用寿命、维修历史等信息。这样可以准确计算设备的折旧成本，并根据设备状况提前规划维修和更换计划，避免突发故障导致的高成本维修。

（2）合理调配设备的使用频率。运营中避免过度使用设备导致过早损坏，对于一些非高峰时段，可以适当减少设备的运行时间。例如，在早餐后到午餐前的时间段，如果就餐人数较少，可以关闭部分炉灶，减少其使用时长，从而延长设备使用寿命，降低折旧和维修成本。

（3）维修管理。建立预防性维修制度，定期对设备进行检查和维护，如每月对厨房的电器设备进行一次全面检查，及时更换老化的零部件，防止小问题发展成大故障。这样可以减少设备维修的频率，降低维修成本。预防性维护可以降低30%~50%的设备维修成本。

（4）培养内部维修人员或者与专业维修团队建立长期合作关系。对于一些简单的设备故障，内部维修人员可以及时处理；对于复杂的故障，专业维修团队可以快速响应并解决问题，同时在合作中争取更优惠的维修价格。

2. 能源消耗成本

（1）节能设备与技术应用。逐步将食堂的设备更新为节能型设备。例如，将传统的炉灶更换为节能炉灶，可以通过更高效的燃烧技术，减少燃气的消耗。根据相关数据，节能炉灶相比传统炉灶可节约30%~50%的燃气，LED灯具相比普通灯具可节约70%~80%的电力。

（2）安装智能控制系统。如安装智能电表、水表和气表，可以实时监控能源消耗情况，并根据实际运营生产需求合理调配能源设备的运行状态，做到实时精准管控能源消耗。

（3）员工节能意识培养。开展节能培训和宣传活动。定期组织员工参加节能知识培训，向员工讲解节能的重要性以及节能的方法，如人走灯灭、随手关闭水龙头、合理调节炉灶火候等。

3. 人力资源相关间接成本

（1）员工福利管理优化。制定合理的员工福利政策，在满足员工基本需求和合法权益的前提下，优化福利结构与分配机制，避免不必要的统筹福利支出。例如，对于员工的工作服，可以根据实际使用情况确定更换周期，而不是过于频繁地更换；对于员工的节日福利，可以通过集中采购、与供应商谈判等方式获取更优惠的价格。

（2）加强福利管理的透明度。让员工清楚了解公司提供的福利项目和标准，避免因误解产生不必要的福利诉求。

（3）提升人力资源管理效率。利用数字化管理工具，如使用考勤管理系统，准确记录员工的出勤情况，避免人工考勤可能出现的误差，降低管理成本；使用人力资源管理软件，优化员工招聘、培训、绩效评估等流程，定期组织人力资源管理的评估，及时修正各项人力资源管控指标，减少人力资源管理中的成本消耗。

4. 清洁用品及餐具损耗成本

（1）清洁用品管理。制定清洁用品使用标准，明确规定每种清洁用品的使用范围、用量和使用方法。

（2）选择性价比高的清洁用品。通过市场调研，比较不同品牌、规格的清洁用品的价格和质量，选择既能满足清洁要求又价格合理的产品。

（3）餐具管理。选用质量好、耐用的餐具。虽然初始投资可能略高，但从长期来看，可以降低餐具的损耗率。

（4）建立餐具管理制度。规范餐具的使用、清洗、存放流程，明确员工在餐具管理中的责任。规定员工在清洗餐具时要轻拿轻放，在存放时要分类摆放整齐，避免因操作不当造成餐具损坏。

5. 间接成本监控与评估

（1）建立成本监控指标体系。设定设备折旧率、能源消耗率（如水、电、气单耗）、人工间接成本占比、清洁用品及餐具损耗率等指标，定期（如每月或每季度）对这些指标进行统计和分析。

（2）成本评估与调整。定期（如每半年或一年）对间接成本优化管理方案的实施效果进行评估。对比实施前后的成本数据，分析各项措施的有效性。如果发现某些指标没有达到预期目标，要及时调整管理措施。例如，如果能源消耗率没有明显下降，可能需要进一步检查节能设备的运行情况或者加强员工的节能培训。

三、食堂直接成本与间接成本管理的重要性

（一）食堂直接成本的管理意义

1. 保障利润空间

直接成本包括原材料（如食材）、辅料和调料等，对这些成本进行有效管理，可以精确计算成本与收入的关系。如果能降低直接成本，在售价不变的情况下，

利润空间就会增大。

2. 合理定价

了解直接成本有助于制定合理的菜品价格。食堂可以根据食材采购成本、调料使用量等直接成本因素，结合期望的利润率来定价。这样既能保证食堂的盈利，又能使价格在消费者可接受的范围内，提高菜品的市场竞争力。

3. 资源有效利用

直接成本管控可以促进资源的有效利用。精确计算食材的采购量，严格执行采购标准和采购计划，避免浪费。厨师长根据菜谱准确申购原材料数量，以满足生产加工需要，合理调配食材并优化食谱结构，做到组配合理、投料数量精准等，避免因计划不周造成食材的浪费，同时也节约了采购资金。

4. 质量控制

直接成本管理与菜品质量有密切关系。在成本控制过程中，通过确定合理的主料、辅料配比以及调料用量，并严格执行食谱，既能保证菜品质量，又能稳定产品成本，避免因过度浪费食材而增加不必要的成本。

总之，直接成本中的食材成本提升可能意味着食堂能够采购更高质量的食材。例如，使用新鲜、优质的肉类、蔬菜等食材，这有助于提升菜品的口感和营养价值，满足就餐者对健康饮食的需求，同时也能增加菜品的多样性，为就餐者提供更多选择，提高就餐满意度。

（二）食堂间接成本的管理意义

1. 稳定运营

间接成本如人工工资、资产折旧、房屋租赁费用等虽然不直接与产品生产相关，却是食堂运营成本不可或缺的部分。合理管理间接成本，如优化人员配置、合理安排工作岗位、提高工作效率，既可以确保食堂稳定运营，又可以合理降低人力资源成本。

2. 提升竞争力

在市场竞争中，有效管理间接成本有助于提升食堂的竞争力。例如，通过合理控制办公费降低行政管理成本；加强员工培训可以提升工作效率，从而降低人力资源成本；使用智能能源设备与销售系统可以降低能源成本和销售成本。食堂可以获取更大的竞争优势。

3. 可持续发展

对于食堂的长期发展而言，间接成本管理是实现可持续发展的重要环节。合理的资产折旧管理可以确保食堂设备及时更新换代，维持良好的经营环境；有效的房屋租赁管理可以避免因租金波动带来的经营风险，保障食堂的长期稳定发展。

食堂成本管理中，直接成本与间接成本是成本管理的两大主要因素。前面直接成本的初步管理已经陈述过了，在此主要整理一下间接成本管理中的人力资源成本与能源成本管理。

第二节　食堂人力资源成本管理

人力资源成本管理在食堂成本管理中占据着举足轻重的地位。人力资源不仅是第一宝贵的资源，也是食堂管理的核心。不断优化人力资源成本体系，对于经营管理、提升市场竞争力以及职工和企业的发展都具有重大意义。

一、食堂人力资源成本管理的意义

食堂人力资源成本管理的意义主要体现在以下几个方面。

1. 实现人力资源管理的高效化

通过合理的人力资源调配与管理，可以实现人力资源的高效管理，从而取得最大的管理实效。研究表明，当人力资源价值激发到最大时，意味着其有效技能得到了最大限度的呈现。人力资源管理以“选、用、育、留”为核心框架，通过科学的招聘选拔机制吸引匹配人才(选)，优化岗位配置与培训体系提升人岗适配度(用)，制定职业发展路径和技能培训计划促进员工成长(育)，并通过薪酬激励、企业文化建设和离职预防策略增强员工归属感(留)。

2. 调动员工的积极性和创造性

通过采取一系列措施，可以充分调动广大员工的积极性和创造性，最大限度地发挥人的职业主观能动性。这意味着，通过适当的管理策略，员工能够发挥80%~90%的潜力。

3. 培养全面发展的人才

食堂人力资源管理的另一个重要作用是培养具有全面发展潜能的人才。对于厨房、前厅、后勤、财务等岗位的员工，都要落实到人才的培养和发展上，教育和培养在人力资源储备和管理中的地位越来越高，培训不仅是提高食堂生产力的方法，更是促进职业素养全面发展的重要途径。

二、食堂人力资源成本管理的内容

食堂人力资源成本管理是指在食堂运营过程中，通过合理配置人力资源、优化工作流程、提升员工技能和效率等措施，达到降低人力成本、提高工作效率和经营效益的目的。这对于食堂的正常运营管理和提升服务质量具有深远意义。

（一）岗位优化

1. 合理设置岗位

对食堂运营流程进行全面梳理，明确各个环节所需的工作内容，然后根据工作内容设置岗位。例如，根据就餐人数和菜品供应种类确定厨师、帮厨、采购员、服务员等岗位的数量。避免岗位设置过多导致人员冗余，从而增加不必要的人力成本。像一些小型食堂，如果将采购与仓库管理岗位合并，由一人负责采购与库存的基本管理，在不影响工作效率的前提下就能节省一个人力岗位的成本。

2. 明确岗位职责

详细界定每个岗位的职责范围，确保员工了解工作任务与职责，是人力资源的核心内容之一。例如，厨师的职责包括菜品制作、食材准备、厨房设备的日常清洁等；服务员的职责是为就餐人员提供服务、收拾餐桌、餐具清洗等。这样可以避免工作中的相互推诿现象，提高工作效率，减少因职责不清而导致的人力浪费。

（二）员工培训

1. 提高技能培训

（1）针对厨师岗开展厨艺技能培训，使其能够更熟练地掌握产品制作的烹饪技巧，提高产品质量。例如，通过培训厨师更快地切配食材、掌握火候，可以减少产品制作时间。这不仅能提升工作效率，还可能因产品质量提升而吸引更多就餐者，间接降低单位人力成本。

（2）对服务员进行服务礼仪和沟通技巧培训，能够提升服务意识和服务品质。当服务员能够快速、准确地解答就餐者的疑问并提供优质服务时，就可以提高整体就餐效率，减少人力在服务环节的占用时间。

2. 安全意识培训

对食堂全体员工进行安全知识培训，包括厨房设备安全操作规范、食品安全法规等。培训员工正确使用炉灶、电器设备，并教导员工遵守食品加工过程中的卫生和安全准则。这有助于减少因安全事故导致的人力损失，如避免员工受伤影响工作安排，以及因食品安全问题造成人员重新调配而产生的额外人力成本。

（三）人员管理

1. 排班管理

根据食堂就餐高峰档期合理安排员工排班。例如，早餐、午餐、晚餐的就餐人数可能不同，在就餐高峰时段安排较多员工上班，而在低谷时段安排较少员工上班。同时，也可以采用灵活的排班制度，如合理利用兼职员工，在高峰时段补充人力。这样既能满足食堂运营需求，又能避免在低谷时段人员闲置，从而实现有效控制人力成本。

2. 绩效管理

建立完善的工作绩效考核制度，对每个工作岗位的表现进行科学量化与评估，制定详细的工作绩效考核条例，激发员工的主观能动性。例如，根据厨师制作菜品的质量、数量，服务员的服务态度和效率等指标进行考核；根据考核结果，依据绩效考核条例落实绩效工资。这有助于激励员工提高工作效率，从而在整体上提升人力资源的利用效率，降低成本。

三、食堂人力资源岗位管理与成本控制

食堂进行人力资源岗位管理与成本控制，不仅能够提升员工的工作效率与节约成本的意识，还能助力员工实现职业发展目标、推动食堂的可持续发展。这些措施对于食堂的长远发展和提高整体竞争力具有重要意义。

（一）食堂人力资源岗位成本管理的意义

1. 人力资源岗位管理的意义

（1）提高员工工作效率。通过优化岗位设置和合理配置人员，可以避免人员冗余，确保每个岗位都有明确的职责和任务，从而提高食堂管理与工作效率。

（2）节约成本。合理的人力资源配置能够减少不必要的劳动力支出，降低人工成本。

（3）提升服务质量。通过加强员工培训，提高员工的专业技能和服务水平，可以更好地满足顾客的需求，提升食堂的服务质量。

（4）促进员工发展。良好的岗位管理还包括对员工的职业发展规划，有助于

激发员工的工作积极性和忠诚度，减少人员流动，从而稳定团队。

2. 成本管控的意义

（1）提高经营效益。有效的成本控制可以帮助食堂在保证服务质量的前提下，优化生产工艺流程与运营管控流程，提高生产与服务质量，从而实现更高的经营效益。

（2）增强竞争力。通过科学的成本管理，食堂可以在激烈的市场竞争中占据优势地位，增强自身的竞争力。

（3）支持可持续发展。成本控制不仅关注短期效益，还注重长期的可持续发展，通过优化资源利用，减少浪费，实现资源的可持续利用。

（4）提升管理水平。成本控制的过程也是对食堂管理水平优化与提升的过程，通过系统成本核算和分析，可以发现并及时改进问题，提高管理水平。

（二）食堂人力资源岗位成本管理的内容

食堂的人力资源岗位管理与成本控制密切相关，需要通过合理的人员配置、建立有效的培训机制、严格执行岗位责任制、强化岗位绩效管理等措施，实现食堂的高效运营和可持续发展。

人力资源岗位成本管理涉及多个方面，主要包括以下几个关键内容：

1. 取得成本

取得成本是指企业在招聘、录取新员工的过程中发生的成本费用，主要包括组织招聘、考核选择、录用沟通和安置岗位等各个环节所发生的费用。具体包括招聘人员的直接劳动费用、直接业务费用(如招聘洽谈会议费、差旅费、代理费、广告费、宣传材料费、办公费、水电费等)和间接费用(如行政管理费、临时场地及设备使用费)等。

2. 开发成本

开发成本是指为提高员工的能力、工作效率及综合职业素质而产生的费用，主要包括岗前培训成本、岗位培训成本和脱产培训成本。食堂人力资源对上岗前的新员工开展的企业文化、规章制度、职业基本知识和基本技能等诸多方面培训所发生的费用，就属于开发成本。

3. 使用成本

使用成本是指食堂在使用员工的过程中产生的费用，主要包括工资、奖金、津贴、补贴、社会保险费用、福利费用、劳动保护费用、住房费用、工会费、存档费和残疾人保障金等。这些成本旨在维持员工劳动力的生产和再生产，激励员工发挥更大作用，并调节员工的工作和生活节奏。

4. 离职成本

离职成本是指食堂在员工离职时，按照国家有关法律法规，支付给员工的离职补贴、有关福利等费用。主要包括解聘、辞退费用，以及因工作暂停而造成的工资损失等。

5. 平常人事管理成本

平常人事管理成本是指人力资源管理部门为确保人力资源管理过程顺利进行而支付的相关成本费用。这部分成本是为了确保人力资源管理的正常运作而产生的必要费用，即行政办公费用、出差的差旅费以及零星的人事活动费用等。

6. 保障成本

保障成本包括国家劳动法规定的劳动工伤保障、健康医疗保障、退休养老保障、就业与失业保障等。根据国家法律法规的相关规定，结合食堂用工制度，具体落实国家相关政策，其中，退休养老保障成本相对固定，属不可控因素；劳动事故保障、健康保障具有可控性。

四、食堂人力资源薪酬成本管理

食堂人力资源薪酬成本管理不仅关系到员工的切身利益，而且是影响食堂运营管理和实现可持续发展的关键因素。通过实施有效的薪酬成本管理措施，及时调整人力资源结构并优化管理流程，实现食堂人力资源管理的良性运转。吸引和培养优秀员工与人才，提高员工的工作积极性和效率，加强企业凝聚力，最终建立具有核心竞争力的企业形象。

（一）食堂人力资源岗位薪酬成本管理的内容

1. 薪酬构成

食堂员工的薪酬通常包括以下几个部分。

（1）基本工资。根据员工的岗位、工龄与职业年金等因素确定。

（2）岗位工资。根据员工所在岗位的工作技术性质、岗位责任大小、劳动强度等因素来确定。

（3）绩效工资。根据食堂的经营效益、员工个人工作表现等因素确定。

（4）奖金。根据食堂年度经营目标完成情况、员工突出贡献等因素确定。

(5) 津补贴。包括加班费、夜班补贴、高温补贴等。

2. 工资发放

工资发放的时间和方式也是管理体系的一部分。

(1) 工资发放时间。一般为每月月底，由财务部门负责发放。

(2) 工资计算。基本工资、岗位工资、绩效工资和奖金等按照员工实际出勤天数、工作表现等情况计算；津补贴按照实际发放情况计算。

(3) 费用扣除。工资发放时，应扣除员工个人应缴纳的社保、公积金等费用。

3. 工资调整

工资调整机制确保员工的薪酬能够随着个人能力和食堂经营状况的变化而调整。

(1) 定期调整。根据食堂规模、用工性质以及国家政策的相关规定、食堂经营状况等因素进行周期性的调整。

(2) 不定期调整。根据员工个人工作表现、岗位变动等因素，基于奖励性和岗位特殊性需求进行调整。

4. 工资管理

有效的工资管理能够保证薪酬体系的科学性与有效性。

(1) 核算与发放。财务部门负责食堂员工工资的核算、发放和监督。

(2) 岗位变动。人力资源部门的职责包括优化薪酬结构与岗位更新管理，及时处理员工工资调整、岗位变动等事宜。

(二) 食堂人力资源绩效薪酬配比方案

食堂绩效考核的主要目的是加强食堂工作管理，实现保本经营，提高服务质量，并确保员工进餐安全。借助有效的绩效考核机制，将食堂工作人员的收入与其工作业绩挂钩，这不仅有助于提升员工的素质、能力，还能激发工作热情，有助于实现成本的有效控制。

1. 食堂人力资源绩效薪酬管理的意义

食堂人力资源绩效薪酬管理的核心目的是通过有效的绩效考核机制，将食堂工作人员的收入与其工作业绩紧密挂钩，以此提升员工的素质、能力，同时实现成本的有效管控。这种管理方式不仅有助于提高食堂的整体服务质量，还能增强企业的凝聚力和竞争力。其意义体现在以下三个方面。

（1）提高员工素质和能力。通过绩效考核，激励员工不断提升自身的专业技能和职业素养。

（2）增强工作热情。良好的绩效考核机制能够激发员工的工作积极性，提高工作效率。

（3）成本控制。通过优化人力资源配置和提高工作效率，实现成本的节约和管理成本的降低。

2. 食堂人力资源绩效薪酬的架构

（1）基本工资。这是薪酬中保障员工基本生活的部分，维持员工基本生活需求，相对固定，不随工作表现的好坏而轻易变动。例如，某员工每月基本工资为3000 元，这部分收入相对稳定，为员工提供基本的生活保障。

（2）岗位工资。根据员工所在岗位的价值来确定，不同的岗位具有不同的工资标准。例如，技术研发岗位的工资可能会高于行政后勤岗位，因为技术研发岗位对企业的价值创造可能具有更重要的意义。

（3）工龄工资。在一些绩效工资架构中，工作年限也会作为一个因素考虑。通常来说，工作年限较长的员工可能会在绩效工资上有一定的优势，体现了对员工忠诚度和经验积累的认可。比如，企业规定工作每满 1 年，在绩效工资计算时有一定比例的加成。

（4）个人业绩考核。这是绩效工资架构中最关键的部分，根据员工的工作成果、工作态度、工作能力等多方面的表现进行考核评估，然后依据评估结果确定绩效工资的具体数额。例如，如果员工完成的业务量远超目标，工作态度积极，能力也得到提升，那么他在个人业绩考核部分就会得到较高的评价，从而获得更多的绩效工资。

3. 食堂人力资源绩效薪酬结构分配的原则

（1）以岗定薪。坚持岗变薪变原则。采用以岗位为主体的分配办法，职工工资收入要与职工的岗位职责、工作业绩和实际贡献挂钩，岗位变动时工资收入也相应变动。例如，在企业中，如果一名员工从普通员工晋升为部门主管，他的岗位职责发生了重大变化，相应地，他的工资也会按照新岗位的标准进行调整，这体现了岗位工资与岗位变动紧密相连。这一原则有助于明确不同岗位的价值，激励员工通过努力争取晋升到更高岗位以获取更高的薪酬。

（2）岗位管理。采用工作绩效考核原则。根据岗位职责和工作目标制定岗位考核细则，依据岗位职责和岗位业绩完成情况进行定期考核，根据考核结果按照内部分配方案兑现岗位工资和绩效工资，实现岗位绩效工资的动态管理。比如，根据食堂岗位设置实施劳动纪律考核、产能考核、节能考核、安全与卫生考核，根据这些考核结果来发放绩效工资，促使员工不断提升自己的职业素养和工作业绩。

(3) 效率优先，兼顾公平原则。在食堂职工的收入分配中，既要重视绩效与工作实效，合理拉开分配差距，又要兼顾公平、公正的原则，提高全体职工的薪酬水准并调动其工作积极性。例如，在厨房团队中，业绩优秀的技术人员凭借职业技能和创新成果获得较高的绩效工资，但食堂也会考虑到其他支持性岗位员工的贡献，给予他们合理的绩效工资，避免收入差距过大而影响团队整体士气。这一原则有助于在激励优秀员工的同时，维护整个团队或组织的和谐稳定。

(4) 按劳分配与职业属性结合原则。在一些业态中，绩效工资的分配务必综合考虑员工的劳动成果以及其他生产要素的贡献。另外，也会根据劳动者的职业素养、职业道德、职业奉献等因素，全面、客观地衡量员工的贡献价值。

(三) 食堂薪酬与产能的关联

在现代企业管理中，员工产能是指员工在单位时间内完成工作任务并创造价值的能力，而工资是对员工工作所提供的经济报酬。食堂薪酬与工作绩效紧密相关，其中薪酬管理中职工产能指标是一个至关重要的因素。

1. 食堂薪酬与产能的关系

(1) 薪酬公平性与员工工作态度的关联。

薪酬制度的公平性是激发员工积极性和保障产能的关键因素。若员工认为薪酬分配不公平，或者认为绩效评价标准存在同岗不同酬的情况，可能会引发消极情绪甚至降低工作效率，拉低员工产能指数。相反，公平的薪酬体系能够增强员工对企业的信任感，促使其更专注于提升工作质量与效率。

(2) 绩效管理与薪酬的动态平衡。

绩效考核是连接薪酬与产能的核心环节。通过设定明确的工作目标并结合定期绩效反馈，企业可将员工个人的努力与企业战略目标对齐。高绩效员工获得更高薪酬回报的机制，不仅强化了内部竞争氛围，也为其他员工提供了改进方向。同时，绩效反馈与培训机会的结合，能够帮助员工弥补技能短板，持续优化产能。

（3）福利待遇对产能的补充作用。

除基础薪酬外，福利待遇也是影响产能的重要因素。例如，井下生产一线员工的特殊津贴、健康保险或职业发展支持等福利，能够增强员工的归属感和安全感，从而提升其工作投入度。实证研究表明，综合福利体系的完善可降低员工流动性，减少因频繁换岗导致的效率损失，最终实现产能的稳定增长。

（4）实证研究对薪酬与产能关系的支持。

多维度数据分析显示，员工产能与工资水平呈显著正相关。线性回归模型验证了高产能员工往往能获得更高薪酬，而具有竞争力的薪酬政策又能反向吸引高素质人才，形成良性循环。这一结论为企业优化薪酬结构提供了科学依据，强调需将产能提升与薪资增长纳入统一管理框架。

（5）薪酬激励机制对产能的直接影响。

合理的薪酬激励机制能够显著提升员工产能。企业通过将薪资与绩效挂钩，能够有效激发员工提高效率的积极性。例如，差异化薪资设计能够明确高绩效与高回报的关系，促使员工优化工作方式并提升技能水平。此外，薪酬的竞争力也间接影响产能，若企业薪酬低于行业水平，可能导致人才流失或招聘困难，从而削弱整体产能。

2. 薪酬管理与员工产能的关联

（1）薪酬激励机制对产能的促进作用。

合理的薪酬激励机制能够直接激发员工的工作动力，例如，将薪资与绩效挂钩的差异化激励策略，可促使员工主动提升技能水平和工作效率，从而提高产能。企业通过设置绩效奖金、目标达成奖励等方式，将员工个人贡献与薪酬回报紧密结合，能够有效增强工作投入度。

（2）薪酬竞争力对人才留存与产能的影响。

具有市场竞争力的薪酬水平是吸引和保留高产能人才的关键因素。若食堂薪酬低于行业标准，可能导致核心人才流失，间接削弱整体产能。相反，合理且有竞争力的薪酬体系不仅能够稳定团队，还能通过吸引高素质员工提升团队整体生产能力。

（3）绩效管理与产能提升的双向作用。

绩效考核是薪酬管理的核心环节，通过明确目标设定和定期反馈，员工能清晰了解自身工作成果与改进方向。高绩效员工获得更高薪酬回报的机制，不仅激励其持续优化产能，也为其他员工提供改进标杆，从而形成良性竞争循环。

(4) 薪酬理论对产能优化的支撑。

效率工资理论表明高于市场平均的薪酬水平可通过增强员工责任感提升效率；人力资本理论则强调薪酬应反映员工技能与经验的价值，从而鼓励其持续提升专业能力以增加产能。这些理论为企业制定科学薪酬策略提供了依据。

(5) 工作负荷与薪酬结构的平衡。

薪酬管理需兼顾工作负荷的合理性，例如，通过调整固定薪资与绩效奖金的比例，避免员工因压力过大导致效率下降。合理的薪酬设计既能保障员工身心健康，又能通过设置适度具有挑战性的目标维持产能稳定增长。

(四) 食堂人力资源岗位的薪酬占比

食堂岗位的薪酬比例会受到多种因素的影响，包括食堂的规模、服务群体规模、员工数量、产品价格以及当地经营状况等。

以下是对食堂岗位薪酬比例的一些具体分析。

1. 薪酬与产能比例的一般原则

在餐饮行业中，薪酬与产能的比例是衡量企业运营效率和盈利能力的重要指标。一般来说，食堂工资支出占产能收入的比例在15%~20%较为合理。这一比例可以根据食堂的实际情况进行调整，但过高的薪酬比例可能会压缩企业的利润空间，而过低的薪酬则可能影响员工的积极性和服务质量。

2. 薪酬结构的详细分析

(1) 基本工资。基本工资占薪酬总额的比例通常在60%。

(2) 岗位工资。根据员工所担任的岗位、对应的职责和工作经验等因素确定的工资水平，占比通常在10%~30%。

(3) 绩效工资。根据员工的工作绩效和团队贡献等因素确定工资水平，占比通常在10%~30%。

(4) 福利待遇。包括社会保险、公积金、员工培训、健康体检、节日福利等，占比通常在10%左右。

3. 不同规模企业的薪酬比例差异

企业规模是影响薪酬与福利占比的重要因素。一般来说，食堂规模越大，薪酬与福利占比越低。这是因为大型企业往往具有更丰富的经济资源和更为完善的薪酬管理体系。

4. 地区差异的影响

不同地区的经济发展水平、消费水平和劳动力市场状况存在差异，这些差异会影响薪酬与福利占比。一般来说，一线城市和繁华地区的薪酬与福利占比相对较高，而四线以下城市和偏远地区的薪酬与福利占比相对较低。

5. 企业战略的影响

企业的战略定位、发展目标和竞争策略也会影响薪酬与福利占比。对于注重品牌形象和客户体验的企业，员工薪酬与福利占比可能会相对较高；而对于注重成本控制和效率提升的企业，员工薪酬与福利占比可能会相对较低。

6. 合理控制薪酬比例的策略

为了提高薪酬的效能，食堂的管理者应该根据实际情况定期评估薪酬结构与薪酬标准，并考虑在调整工资结构与支出比例时采取的优化和管控措施。为确保食堂运营的稳定性，应该给予员工充分的关怀和尊重，尽可能提供良好的工作环境及相应的权益待遇，以减轻企业的经营压力，也激发员工的积极性和创新精神。

五、食堂人力资源培训成本管理

食堂的人力资源培训成本在其整体运营成本中占有重要地位。培训成本虽然相对较小，但对于提升员工职业素养和食堂服务品质是至关重要的。管理者需要在控制成本的同时，确保员工得到适当的培训和发展机会，以维持食堂的高效运作和优质服务。

（一）食堂人力资源培训成本管理的重要性

1. 培训成本管理的基本概念和原则

培训成本管理是指在组织内部对培训活动发生的成本进行有效控制和优化的过程。这一过程不仅涉及培训预算的制定和执行，还包括培训效果的评估与改进。通过有效的培训成本管理，企业可以确保培训资源的合理分配，提高培训活动的投资回报率。

2. 培训成本管理的内涵和目标

（1）内涵：培训成本管理涵盖培训计划的组织和实施、培训资金的管理以及培训效果的评估等多个方面。

（2）目标：通过合理的成本控制，提高培训效率，确保培训目标的实现，最终促进企业的长期发展。

3. 培训成本管理的原则和方法

（1）培训成本管理的原则。

1）业务需求导向。培训计划需与食堂的战略目标和员工职业规划紧密结合，确保培训内容与业务需求匹配，避免资源浪费。

2）培训方式优化。根据实际情况选择灵活高效的培训方式，如线上培训、跟岗式教学等，在保证培训效果的同时注重成本降低。将传统面授与数字化工具结合，能够扩大培训覆盖面并提高培训效率。

3）成本控制与效益平衡。强调培训的必要性和投入产出比，通过预算管理、经费审批流程等制度避免无节制开支，确保每一笔培训支出都能转化为实际效应。

4）绩效导向。将培训成果与员工绩效挂钩，通过定期评估和反馈机制衡量培训效果，实现成本投入与人才能力提升的良性循环。

5）信息管理规范化。建立培训成本跟踪系统，实时监控费用支出并生成分析报告，为优化决策提供数据支持。

（2）培训成本管理的具体方法。

1）资源共享与去中介化。通过多部门联合培训分摊讲师费用，利用在线平台实现企业内同步教学，减少差旅与场地成本。例如，共享课程资源可降低人均培训支出。

2）数字化工具应用。引入智能学习平台（如云学堂），提供在线课程、直播、知识库等功能，支持员工随时随地学习，节省时间与设备成本。AI 教练和个性化推荐可提升学习效率。

3）精准预算与流程管控。制定详细的培训预算，明确各项开支上限，并通过审批、报销等流程严格控制执行。例如，优先选择性价比高的外部培训资源或内部讲师。

4）合作与资源整合。与其他企业或机构合作共享培训资源（如课程、场地），减少重复投入。建立行业联盟或跨企业学习社区，降低培训采购成本。

5）效果评估与动态调整。定期通过考试、绩效评估、学员反馈等方式检验培训效果，及时淘汰低效课程或调整培训方案与方式，避免无效成本支出。

4. 培训成本管理对企业竞争力的影响

（1）降低运营成本，提高盈利能力。培训成本管理可以帮助企业有效控制和优化培训支出，从而降低企业的运营成本。这不仅有助于企业节省资金，还能提高企业的盈利能力。

（2）增强市场竞争力。通过培训提升员工的专业技能和综合素质，可以增强企业的核心竞争力。高质量的培训不仅能提高员工的工作效率和质量，还能提升企业的品牌形象和市场占有率。

（二）食堂人力资源培训成本管理内容

1. 人力资源培训的形式

在食堂经营中，人力资源培训成本是确保员工具备必要技能和知识的重要投资。虽然具体的培训成本可能因食堂的规模、业务量和经营策略而异，但培训成本通常包括以下几个方面。

（1）内部培训。食堂可能会定期组织内部培训，以提高员工的服务质量和工作效率。这些培训可能涉及食品安全、服务技能、团队合作等方面。内部培训的成本主要包括培训材料、讲师费用（如果外部讲师参与）以及员工在培训期间的工资。

（2）外部培训。食堂也可以派遣员工参加外部的专业培训课程或研讨会，以获取更高级别的技能和认证。外部培训的成本可能更高，通常还包括学费、交通费、住宿费等。

（3）持续教育。对于某些职位，如厨师，持续的教育和专业发展是必要的。这包括参加烹饪课程、获得新的认证或参加行业会议。这些持续教育的成本也会被计入人力资源培训成本。

2. 人力资源培训成本管理的内容

（1）培训需求分析成本。

1）确定培训需求的成本调查。这部分成本包括调查设计和发放调查问卷、进行员工访谈等活动所花费的人力、物力成本。例如，安排专人设计关于食堂员工技能需求的问卷，这些人力投入就属于调查成本的一部分。如果使用线上问卷平台，可能还涉及平台的使用费用等。调查过程中需要占用员工的工作时间来填写问卷或接受访谈，这也间接产生了成本。

2）分析培训需求的人力成本。专业人员对调查结果进行分析，判断哪些技能是食堂员工急需提升的、哪些是可以后续培养的。分析人员的工资以及分析过程中所使用的设备、办公用品等的消耗都属于这部分成本。

（2）培训计划制订成本。

1）培训方案设计成本。详细的培训计划需要具备专业知识和经验的人根据培训需要来设计。如果由内部人员设计，要考虑他们的工作时间成本；如果聘请外部专家来设计，就会产生专家的咨询费用。例如，针对食堂厨师提升菜品创新能力设计一个培训方案，可能需要对菜品创新的趋势、适合食堂的菜品类型等进行研究，这些工作都会产生费用，从而增加成本。

2）培训资源整合成本。整合培训所需的教材、设备等资源。例如，收集适合食堂员工培训的烹饪教材、食品安全资料等，如果需要购买这些资料，就会产生费用；如果使用电子资料，也需要考虑设备的购置或租赁费用，如用于培训播放展示的投影仪、电脑等设备。

（3）培训实施成本。

1）培训师资成本。如果聘请外部专业厨师或管理专家来进行培训，需要支付讲师的授课费用、差旅费（如果讲师来自外地）等。若由内部资深员工担任培训师，虽然可以节省外部讲师的费用，但需要考虑给予内部资深员工一定的奖励或补偿，毕竟他们在进行培训时会占用原有的工作时间。

2）培训场地成本。利用食堂内部场地进行培训可能会影响正常的食堂运营，存在机会成本；另外租用场地，如会议室或专门的培训教室，会产生场地租赁费用。

3）培训设备和材料成本。在培训过程中使用的设备（如烹饪实操培训所需的炉灶、炊具等）的损耗、维修成本，以及培训材料（如食材、调料等）的消耗费用都需要计算在内。

（4）培训效果评估成本。

1）评估方案设计成本。制订科学合理的培训效果评估方案需要参考相关的行业标准或聘请专业人士提供建议，这都会产生成本。

2）评估实施成本。包括对员工进行考核、测试、收集反馈意见等过程中所花费的人力、物力成本。例如，组织员工进行理论知识考核时的试卷印刷、批改的成本，或者进行实操考核时评委的人工成本等。

3）后续跟进成本。根据评估结果，对未能达到培训预期效果的员工安排额外的辅导或重新培训，这部分的人力、物力成本也需要考虑。

（5）培训成本管理的实施步骤和技巧。

1）培训成本预算和控制。成本预算，根据企业的培训目标和需求，合理编制培训成本预算。成本控制，通过严格的成本预算控制措施，确保培训费用在预算范围内，避免浪费。

2）培训成本分析和优化。成本分析，定期对培训成本进行分析，找出成本控制中的问题和不足。成本优化，根据分析结果，采取相应的优化措施，提高培训成本的使用效率。

(三) 食堂培训成本在薪酬中的比例关系

培训成本在薪酬中的比例是指企业在员工培训上的投入相对于其薪酬总额的比例。对于企业来说，这个比例的设定是一个重要的决策，它直接影响到企业的财务规划和员工的发展。

1. 合理的培训成本比例

食堂培训费用可以按照职工工资总额的 1.0%～1.5%来计提。对于快速发展阶段的公司或需要大量专业培训的情况，培训费用占总收入的比例可能会更高，有时甚至可以达到 5%～10%。而对于收入较少的公司，培训费用占总收入的比例可能会更低。高新技术企业可能会将培训费用的比例设置得更高，并且可能享受税前扣除的优惠。

大型食堂的培训总预算一般占上一年总销售额的 1%～3%，最高达 7%，平均达 1.5%，小型食堂可能在 0.5%以下。

2. 影响培训成本比例的因素

(1) 行业特性。不同行业的企业培训费列支比例也有所差异。食堂对员工职业素养与技术素养的要求非常高，因此培训费用比例可能较高。相对其他业态来讲食堂培训成本具有技术性强、培训效果要求高、培训食材成本高的特性。

(2) 食堂发展阶段。随着食堂的发展，培训费用比例会增加，以满足不断增长的培训需求。成立初期通常会投入较少的培训费用，而当进入成熟期和扩张期时，培训费用的比例通常会提高。

(3) 员工需求。不同员工的培训需求可能存在差异，需要根据员工的职位、岗位要求和个人发展需求来确定培训费用的比例。一些核心岗位和高级管理人员通常需要更多的培训投入。

(4) 培训效果。通过评估培训的效果来确定培训费用的合理比例。有效的培训能够提升员工的能力和竞争力，从而提高企业的整体绩效。

综上所述，企业应根据实际情况和发展需求来确定合理的培训费用比例。一般来说，培训费用占职工工资总额的 1.5%是一个常见参考值，但具体比例应根据企业的行业特性、发展阶段、员工需求和培训效果等因素进行调整。合理的培训成本投入不仅有助于提升员工的能力和竞争力，还能促进企业的长期发展。

第三节　食堂能源成本管理

食堂能源成本管理是指在食堂日常运营过程中，通过有效的能源利用规划和管控，以达到降低能源消耗、减少成本支出、提高经济效益的目的。这一管理过程不仅涉及能源的采购、使用，还包括能源的节约和环保措施的落实。食堂的能源成本主要包括水、电、气等资源的消耗。这些资源的合理管理和使用直接影响到食堂的运营成本及整体效益。

一、食堂能源成本管理的基本内容

食堂能源成本管理的基本内容有能源成本管理的重要性与能源成本管理的主要内容。

（一）食堂能源成本管理的重要性

1. 提高经营效益

通过有效的能源管理，可以显著降低食堂的运营成本，从而提高整体的经营效益。

2. 增强服务群体的信任度和满意度

良好的能源管理不仅能降低成本，还能提升食堂的服务品质、增强服务群体对食堂的信任度和满意度。

3. 促进可持续发展

能源管理还包括环保措施的落实，有助于减少食堂对环境的影响，推动可持续发展。

4. 食堂能源成本管理的成效

（1）节约成本。通过上述管理措施的实施，食堂可以实现能源成本的显著节约，从而降低整体运营成本。

（2）服务质量提升。良好的能源管理不仅能降低成本，还能提升食堂的服务质量，增强服务群体对食堂的信任度和满意度。

（3）环境效益。通过实施环保措施，践行绿色餐饮理念，食堂可以减少对环境的影响，提升环境效益。

综上所述，食堂能源成本管理对于提高食堂的经营效益、增强员工信任度和满意度、促进可持续发展具有重要意义。通过实施有效的能源管理措施，食堂可以实现能源成本的节约和服务质量的提升，同时减少对环境的影响，为食堂的可持续发展与竞争力提供保障。

（二）食堂能源成本管理的主要内容

1. 能源成本构成分析

食堂的能源成本主要包括水、电、气(如天然气、煤气等)的消耗费用。这些能源在食堂运营的各个环节被使用，如烹饪过程中的电力或燃气消耗、照明用电、清洁用水等方面。

2. 节能设备的应用

(1) 安装节能炉灶。相比传统炉灶，节能炉灶可以在烹饪过程中更有效地利用燃气，减少燃气的浪费。例如，一些节能炉灶采用先进的燃烧技术，使燃气燃烧更充分，提高能源利用效率。

(2) 使用感应式水龙头。这种水龙头只有在感应到人手靠近时才出水，避免了长流水现象，可有效节约水资源，减少水费支出。

(3) 安装节能灯具。如 LED 灯，其能耗相比传统白炽灯或荧光灯更低，在提供足够照明的同时，降低了电力成本。

3. 能源使用管控

(1) 要求员工养成随手关灯的习惯，在食堂内非营业时间或者人员离开某个区域时，及时关闭照明设备，避免不必要的电力消耗。

(2) 制定关水规范，例如，在洗菜、洗碗等操作过程中，合理控制水流大小，不用水时及时关闭水龙头；发现漏水设备及时报修，防止水资源的浪费。

(3) 规定用气设备(如炉灶等)使用后的关闭程序，确保在停止烹饪后及时关闭燃气阀门，避免燃气泄漏和浪费。

4. 能源成本监控与分析

(1) 建立能源消耗记录制度，定期记录水、电、燃气的使用量，通过对比不同时间段(如不同季节、不同月份等)的能源消耗数据，分析能源使用情况的变化趋势。

（2）核算能源成本在食堂总成本中的占比，根据占比情况确定能源成本管理的重点方向。如果发现某一能源成本占比过高，则深入分析原因并采取针对性的措施加以改进。

二、食堂能源成本的构成

食堂能源成本是食堂运营成本中的重要组成部分，主要包括水、电、燃气等费用的支出。以下是食堂能源成本结构及其管理建议。

1. 食堂能源成本结构

（1）水费。食堂在日常运营中消耗的水的费用。

（2）电费。食堂使用的电力费用，包括照明、烹饪设备、空调等。

（3）燃气费。如果食堂使用燃气设备，如燃气灶、蒸炉等，那么燃气费用也是能源成本的一个重要的组成部分。

2. 能源成本管理建议

为了有效控制食堂的能源成本，可以采取以下措施。

（1）优化能源使用。合理安排烹饪时间与能源使用高峰期，避免在能源费用较高的时段进行大量烹饪活动。

（2）引入节能设备。使用节能灯具、高效能的烹饪设备等，可以有效降低能源消耗。

（3）建立能源使用记录。定期记录和分析能源使用情况，找出能耗高的环节，进行针对性改进。

（4）建筑设计与设施优化。良好的保温设计和合理的空间布局可以减少能源浪费，提高能源使用效率。

总之，食堂能源成本的管理是一个系统工程，需要从多个角度入手，合理规划和实施有效的节能措施，不仅可以降低运营成本，还能提升食堂的整体运营效率和服务质量。

三、食堂能源成本管理的关键要素

影响食堂能源成本管理的要素有很多，主要归纳为以下几点。

1. 设备相关要素

（1）设备选型。选择节能型设备是控制能源成本的基础。例如，选用节能炉灶、感应式水龙头等设备，这些设备在长期使用中能够显著降低能源消耗。

（2）设备维护。定期对电器设备进行维护保养，确保其正常运行，减少故障导致的额外能耗。厨房设备也需要定期维护，以保证其处于最佳运行状态，避免由于设备故障或者老化造成的能源浪费。

2. 使用习惯要素

（1）照明管理。合理布局照明设备，根据不同区域的需求调整照明亮度。在非营业高峰时段或自然光线充足的区域，可以适当减少照明灯具的使用。

（2）用水管理。安装节水器具，培养员工节约用水的习惯，如感应式水龙头等，可以有效减少水资源的浪费。

3. 能源费用控制

（1）推广节能设备和技术。采用节能炉灶、节水器具等，提高能源使用效率。

（2）制定能源使用规范。要求员工养成随手关灯、关水、关燃气的习惯，减少不必要的能源消耗。

4. 能源成本核算与监督

（1）建立健全能源成本核算制度。明确各项成本的核算方法和流程，定期进行成本分析，及时发现成本控制中的问题，并采取相应的改进措施。

（2）设立成本控制监督小组。定期对成本控制措施的执行情况进行检查和评估，确保各项节能措施得到有效执行。

通过上述关键要素的综合管理，食堂可以有效降低能源成本，提高运营效率和服务质量，同时也有助于提升员工的满意度和信任度。

四、食堂能源成本的管理体系

食堂能源成本管理对于提高食堂运营效率、降低成本以及增强员工满意度具有重要意义。有效的能源成本管理，不仅可以实现节能减排，还能优化资源配置、提高资源利用效率。

（一）食堂能源成本占总成本的比例

食堂能源成本占总成本的比例会受到多种因素的影响，如食堂的规模大小、经营模式、地区差异等，并没有一个固定不变的标准数值。不同类型食堂能源成本占比情况如下。

1. 企业员工食堂

企业员工食堂能源成本占总成本的比例：食材成本占总成本的50%以上，人力成本和设备设施成本占总成本的20%～30%，租金或物业费用、水电费用(其中水电费用包含能源成本部分)和管理费用占总成本的10%～15%。

2. 与一般餐饮企业的对比

餐饮能源费用(类似食堂能源成本概念)如电力、煤气或燃料等，占营业额的3%～5%，但这里是占营业额的比例而非总成本比例。在另一个关于餐饮成本的分析中提到，除食材、人工等成本外，其他成本占10%～15%，这个成本中可能包含能源成本，但未明确指出能源成本的占比情况。

(二) 食堂能源消耗的统计方法

食堂能源消耗的统计方法主要包括以下几个方面。

1. 能源消耗数据收集

需要收集食堂在一定时间内各种能源的消耗数据。这包括电力、燃气、水等能源的使用量。数据可以通过安装在食堂的各种能源计量设备(如电表、燃气表、水表)自动获取，也可以通过人工记录的方式进行收集。确保数据的准确性和及时性是统计工作的基础。

2. 能源消耗分类统计

收集到的数据需要按照不同的能源类型进行分类统计。例如，将电力消耗、燃气消耗和水消耗分别统计出来，以便分析各类能源的使用情况。此外，还可以根据不同时间段(如日、周、月)进行统计，以便观察能源消耗的变化趋势。

3. 能源消耗分析

通过对收集到的数据进行分析，可以发现食堂在能源使用上的特点和问题。例如，分析不同时间段的能源消耗情况，找出能源消耗的高峰期；分析不同类型能源的消耗比例，了解食堂的主要能源消耗来源。这些分析可以帮助食堂管理者制定节能措施，降低能源消耗。

4. 能源消耗对比

将食堂的能源消耗数据与其他类似食堂的历史数据进行对比，可以评估食堂的能源使用效率。例如，可以将食堂的能源消耗与同类型的其他食堂进行比较，看是否存在显著差异；将当前的能源消耗与过去的数据进行比较，看是否有改善或恶化的趋势。这样的对比分析有助于识别节能潜力和改进方向。

5. 能源消耗报告

将统计和分析的结果编制成能源消耗报告。报告中应包括能源消耗的数据汇总、分类统计结果、消耗趋势分析、与其他食堂的对比结果以及节能建议等内容。这份报告可以作为食堂管理者制定节能策略和决策的依据。

需要注意的是，能源消耗统计工作需要持续进行，以便及时发现问题并采取相应的措施。同时，为了提高统计工作的质量和效率，可以考虑引入现代化的能源管理系统，利用信息技术进行数据的自动收集、处理和分析。

（三）食堂能源成本管理体系建设

1. 能源成本管理目标设定

在食堂运营中明确成本控制目标，即设定将能源成本（包括水、电、燃气等的消耗）在一定时期内降低到特定比例或金额的目标，如在本财务年度内将能源成本降低 $x\%$，这一目标需与食堂整体成本控制目标相契合，同时要在保证食堂正常运营和服务质量不受影响的前提下进行设定。

2. 能源成本构成分析

能源种类及占比如下。

（1）电力成本。食堂中的照明设备、冷藏设备、烹饪设备（如电磁炉、微波炉）等都会消耗电力，电力成本在能源成本中可能占有较大比例，具体占比需根据食堂设备的使用情况和用电量统计确定。

（2）燃气成本。主要用于炉灶烹饪，如果食堂规模较大且提供大量热餐，燃气成本可能是能源成本的重要组成部分。

（3）水成本。用于食材清洗、餐具清洗、厨房清洁以及员工和顾客的饮用等方面，虽然单位价格相对较低，但如果管理不善，用水量过大也会造成成本增加。

3. 能源成本控制措施

（1）推广节能设备和技术。安装节能炉灶，相比传统炉灶可以提高能源利用效率、减少燃气消耗。如节能型的天然气炉灶，其燃烧效率更高，能够在保证烹饪效果的同时降低燃气使用量。

(2) 使用节能灯具，如以LED灯代替传统白炽灯或荧光灯，LED灯具有能耗低、寿命长的特点，可以有效降低电力成本。

(3) 配备感应式水龙头，当手离开感应区域时水龙头自动停止出水，避免长流水现象，从而节约水资源。

(4) 定期对厨房设备(如炉灶、烤箱、蒸箱等)进行维护保养，确保设备处于最佳运行状态。例如，炉灶的燃烧器如果堵塞或者老化，会影响燃烧效率、增加燃气消耗，定期清理和更换磨损部件可以提高燃烧效率、降低能源成本。

(5) 对制冷设备(如冰箱、冰柜等)进行定期除霜和维护，保证制冷效果，减少制冷效率下降而导致的电力消耗增加。

(6) 人员管理方面。对食堂员工进行节能意识培训，让他们了解能源成本对食堂运营的重要性，以及如何在日常工作中做到节能。例如，教导员工在不使用设备时及时关闭电源、气源，合理设置空调温度等。通过开展节能宣传活动，如张贴节能标语、设置节能宣传栏等，营造节能氛围，提高员工的节能意识。

(7) 制定能源使用规范。明确要求员工养成随手关灯、关水、关气的习惯，如规定在厨房工作结束后，必须检查并关闭所有电器设备、水龙头和燃气阀门。对设备的使用时间和使用方式做出规定，如空调在特定时间段内的适宜温度设置范围等，以规范员工的操作，减少不必要的能源浪费。

4. 能源成本核算与监督

(1) 成本核算制度建立。明确各项能源成本(如水费、电费、燃气费等)的核算方法，如按照抄表读数、单价和用量进行计算。确定能源成本在不同部门或菜品生产环节中的分摊方式，如果食堂有多个档口或菜品制作区域，需要合理分配能源成本，以便准确掌握每个部分的能源消耗情况。

(2) 监督机制设置。设立专门的成本控制监督小组，定期对食堂的能源使用情况进行检查和评估。监督小组负责检查设备的运行状态、员工的操作是否符合节能规范、能源消耗数据是否存在异常等内容。

(3) 定期对能源成本进行分析，对比实际能源成本与预算成本的差异，找出能源成本控制中存在的问题，如某个月份电费突然增加，需要分析是设备故障、使用量增加还是其他原因，并采取相应的改进措施。

5. 激励机制

对于在能源成本控制工作中表现突出的员工或部门给予一定的奖励和表彰，如颁发节能之星奖状或者给予一定的物质奖励（奖金、奖品等）。这种激励措施可以提高全体员工参与能源成本控制的积极性，促使他们更加积极主动地采取节能措施，从而降低食堂的能源成本。

第五章
食堂财务成本管理体系

食堂财务成本管理是一个包含多个成本管理环节的标准且科学的管理行为的总称。这些环节包括成本核算、成本分析、成本决策和成本控制等，目的在于对食堂运营过程中的各项成本进行有效的监督与管理。

食堂财务成本管理具有以下职能。

1. 财务成本核算

从成本核算方面来说，财务成本核算是对食堂运营中涉及的各类成本，如食材采购、人工、能源、设备折旧维修以及其他杂项费用等进行准确的计量与记录。例如，原料采购成本需要记录采购水产、肉类、调料等的费用；人工成本包含厨师、服务员以及其他岗位人员的工资与福利等。财务成本核算有助于明确各项成本管理指标的落实与具体数值的分析，是成本管理过程中的根基。

2. 财务成本分析

成本分析是在各项成本核算的基础上，对成本数据进行深入的科学剖析与汇总。比如，分析食材采购成本占总成本的比例是否合理、不同时间段市场食材采购成本的波动情况，以及人工成本与工作效率之间的关系等。通过成本分析，可以找出成本控制的关键点和潜在的节约空间。

3. 财务成本管理决策

成本决策则是根据成本分析的结果，制定相应的成本管控策略。例如，当发现食材价格偏高且质量不稳定时，决策层可能决定更换供应商；当人力成本偏高时，决策层会调整人力资源结构与工作流程以提高效率。

4. 财务成本控制

成本控制是将成本控制在合理范围内的一系列成本管控措施。如通过建立供应商竞争机制控制食材采购成本、优化岗位设置减少人工成本、推广节能设备降低能源成本等，在保证食堂服务质量的前提下，实现成本的降低。

食堂财务成本管理是一个系统的过程，涉及了成本预算、控制、核算等多个环节。食堂财务成本管理的主要内容如下。

1. 制定财务成本管理制度

食堂财务成本管理首先需要有一套完善的财务成本管理制度与措施。这包括产品独立核算、费用审批制度、备用金制度、现金支出与回收管理、凭证账单与记账管理等内容。例如，食堂费用实行食堂主管一支笔的审批制度；零星采购过程中实行备用金制度；现金往来当面点清，超过规定限额的现金每天及时解交财会室；凭证、账单分类按月装订保存等。

2. 成本核算控制

成本核算是食堂财务成本管理的核心内容之一。食堂需要配备专业化的财务管理团队，包括出纳、行政会计或独立的专业会计以及食堂分散岗位的记账员。食堂产品成本核算应遵循它的特性原则，就是只核算食材消耗成本如主料、调料、主食等成本费用，避免将其他费用加到产品成本费用中。

3. 内部控制制度

建立健全内部控制制度，包括成本预测、成本决策、成本控制、成本分析和财务监督等环节。例如，采购环节常由采购人员进行订货与定价，但部分人员并没有按照规定的程序执行，需要加强采购流程的控制。

4. 成本费用控制

成本费用控制是食堂财务成本管理的重要组成部分。食堂需要对食堂产品生产所关联的物资质量进行严格控制，避免原料浪费，合理管理原料仓库的储存量，防止原料失窃和折损，提高原料利用率。此外，还需要注意避免漏刷卡或漏记账的情况，以控制成本率。

5. 财务监督控制

财务监督是整个财务管理活动中的核心元素。通过分析财务收支管理结构，结合之前所规定的成本管控指标来评价食堂经营活动的实效性，并及时纠正其中不合乎财务管理的所有操作。

食堂财务成本管理的流程相互关联，共同构成了一个完整的食堂财务成本管理体系。

第一节　食堂财务成本管理制度

食堂财务成本管理制度是一系列旨在规范食堂财务管理、控制成本、提高效益的规章制度。这些制度通常包括收入管理、支出管理、物资采购管理、检查监督等方面。

一、收入管理

收入管理是食堂财务成本管理制度的重要组成部分，它涉及如何合理确定收费标准、收费方式以及资金上缴流程。例如，伙食费应按照服务对象企业财务规定及合作协议的餐标来划拨与收取，并由食堂出具账目往来收据。收取的伙食费应在规定时间内上交财务出纳，再由出纳上缴至指定账户。

食堂财务成本收入管理制度是为了确保食堂运营的透明度、效率和合规性而制定的一系列规则和程序。以下是根据食堂财务成本管理原则总结出的几个关键方面。

1. 财务管理基本原则

食堂财务管理应坚持服务主业的原则，具体有非营利性与营利性两种业态，无论哪一种都务必实行食堂成本单独核算准则。食堂的收入和支出应严格按照规定的程序进行，确保财务状况的透明和公正。

2. 收入核算管理

食堂收入主要包括伙食收入(含伙食费收入、外卖伙食费收入、服务性接待收入等)、财政补助收入和其他收入。所有收入应统一开具食堂专用票据，并及时全额缴存至食堂专用银行账户。

3. 成本费用控制管理

食堂成本控制包括原材料成本、人工成本、能源成本和其他成本管理。食堂应减少流通环节，遵循食材源头采购原则，直接到生产厂家、农户或一手批发商处进货。同时，应根据市场供求规律及时优化供货商，货比三家，在质量相同的前提下，设法寻找价格适宜的供货商。

4. 财务公开管理

食堂财务应实行公开制度，企业要在食堂醒目处单独设置食堂财务公示牌，当日食堂购菜情况应于中午 12 时前在公示牌和相关网站上公示，每月食堂财务报表应于次月 10 日前公示，食堂账目应于月度结束时组织人员进行核算汇总，核算汇总结果应在公示牌上及时公示。

5. 内部控制制度管理

食堂应建立内部控制制度，由不同成本管理岗位的人员与关键岗位上的专业人员共同管理。食堂财务机构内部应分工明确、责任清楚，做到钱账分开管理。

这些制度旨在确保食堂财务活动有序、高效、透明，并符合相关的法律法规。

二、支出管理

食堂财务支出管理流程是确保食堂资金安全、提高资金使用效益的管理手段。食堂财务支出管理流程如下。

1. 预算计划与审批管理

食堂财务支出管理的第一步是预算计划与审批。食堂应根据实际情况，结合上一年度预算执行情况，制定本年度的财务预算。预算计划应遵循合理、节约、高效的原则，充分考虑食堂的实际情况和需求。预算计划编制完成后，应提交给食堂财务管理部门进行审批。财务管理部门应对预算计划的合规性、合理性与科学性进行审核，并提出修改意见。预算计划经财务管理部门审核、审批后，报食堂负责人或单位领导审批。审批通过后的预算计划将作为食堂支出审批的管理指标与依据。

2. 支出申请与审批管理

在发生支出前，食堂各部门应填写支出申请单，详细列明支出事由、金额、预算科目等信息，并提交给食堂财务管理部门。财务管理部门收到支出申请后，应对申请的合规性、合理性进行审核。审核通过后，将支出申请表提交给食堂负责人或单位领导审批。审批通过后的支出申请单作为食堂支出的依据。

3. 支出报销与审批管理

支出发生后，食堂各部门应及时填写支出报销单，并附上相关发票、凭证等资料，提交给食堂财务管理部门。财务管理部门收到支出报销单后，应对报销金额、发票真实性等进行审核。审核通过后，将支出报销单提交给食堂负责人或单位领导审批。审批通过后的支出报销单作为食堂支出报销的凭证。

4. 支出审核与监督管理

财务管理部门应对食堂支出进行定期审核，确保支出合规、合理。审核过程中，如发现异常支出，应立即报告食堂负责人或单位领导。食堂负责人或单位领导应对食堂支出进行监督，确保支出符合预算要求。食堂财务管理部门应定期对支出情况进行汇总分析，为食堂负责人或单位领导提供决策依据。

5. 流程优化管理

为进一步提升食堂财务支出管理的效率和效果，可以考虑加强预算管理，提高预算计划的科学性和准确性；简化审批流程，采用专用管理软件提高审批效率；强化支出审核与监督，确保食堂资金安全；建立食堂财务信息系统，实现支出审批的电子化、自动化。

食堂财务支出管理的基本流程旨在通过财务管理系统的管理和监督，确保食堂资金的有效利用和良性运转。

三、成本核算与分析

成本核算与分析是掌握食堂运营成本结构、发现成本控制问题的重要手段。应建立健全成本核算体系，定期组织开展规范、精准、科学的成本分析，比较实际成本与预算成本的差异等，精准细致地做出有针对性的管控与优化，推动食堂成本管理良性运转。

（一）食堂财务成本核算

1. 成本核算对象与周期

在企业或单位食堂中，财务成本核算对象可以是每一餐或每一天的伙食，核算周期一般为一周或一个月。

2. 成本项目及核算方法

（1）原材料成本。食材采购方面，要记录采购日期、供应商、采购数量、单价和金额等信息。

例如，某食堂一周采购面粉 1000 斤，单价 2.5 元/斤，金额 2500 元；牛肉 500 斤，单价 15 元/斤，金额 7500 元；蔬菜 2000 斤，平均单价 2 元/斤，金额 4000 元；调料 1000 元。这部分成本是食堂成本的重要组成部分，往往占比较大，在核算时直接计入成本。

（2）燃料成本。使用天然气的食堂，每月根据天然气表读数和单价计算费用。

例如，某食堂本月天然气费用为 2500 元，该成本直接计入成本核算中。

（3）水电费。食堂安装单独的水表和电表，每月按度数和单价计算水电费。

例如，某食堂本月水电费为 1800 元，可直接计入成本或者按照一定规则分摊（如按就餐人数）计入成本。

（4）人工成本。包括厨师、服务员等人员的工资。

例如，某食堂有 3 名厨师，每人每月工资 5000 元，共 15000 元；5 名服务员，每人每月工资 3000 元，共 15000 元，总计 30000 元。这部分成本往往按照就餐人数等方式进行分摊计入成本核算，如核算某一顿餐食成本时，将 30000 元的人工成本除以 22 个工作日再除以 2（午餐和晚餐）得到 681.82 元。

（5）设备折旧和维修费用。对于食堂的厨房设备、餐具、桌椅等固定资产，要计算折旧。

如固定资产原值为 50 万元，预计使用年限为 5 年，残值率为 5%，采用直线法计提折旧，每月折旧额为 $500000\times(1-5\%)\div5\div12\approx7917$（元），再加上本月设备维修费用 1000 元，总计 8917 元。这部分费用按照就餐人数等方式分摊计入成本核算，如 8917 元除以 22 个工作日再除以 2（午餐和晚餐）得到 202.66 元。

（6）其他费用。清洁用品、办公用品、低值易耗品等费用每月约为 500 元，按照一定规则（如就餐人数）分摊计入成本，如 500 元除以 22 个工作日再除以 2（午餐和晚餐）得到 11.36 元。

（二）食堂财务成本分析管理

1. 成本构成分析

分析各项成本在总成本中的占比。

例如，食堂的原材料成本占比为 $(16000\times4\div71174.28)\times100\%\approx89.92\%$；燃料成本占比为 $(2000\div71174.28)\times100\%\approx2.81\%$；水电费占比为 $(1500\div71174.28)\times100\%\approx2.11\%$；设备折旧和维修费用占比为 $(8917\div71174.28)\times100\%\approx12.53\%$；其他费用占比为 $(500\div71174.28)\times100\%\approx0.70\%$。

2. 成本变动分析

将成本分析数据与不同时期的数据进行对比，分析成本变动情况及原因。如与上月相比，原材料成本上涨了 11%，主要原因是猪肉价格上涨；由于员工工资调整，人工成本上涨了6%。食堂财务根据成本核算与分析结果，及时向各相关部门和领导提出合理化建议。

四、物资采购管理

食堂采购管理与采购成本管控在食堂运营中起着至关重要的作用。通过有效的采购管理，食堂可以实现降低采购成本和提高食材品质的双重目标，为食堂运营管理保持高效运转提供坚实的物质基础。

（一）采购岗位与职责

1. 采购经理

采购经理负责制定采购计划与采购流程，开展市场调研，与供应商洽谈，落实并监控采购标准的执行，同时控制采购过程与成本。

2. 食材质量检验员

食材质量检验员依照采购标准与采购申请，对采购食材的卫生和品质标准、规格与数量标准逐一核对确认，确保食材的品种与质量。

3. 库房管理员

库房管理员管理食材的储存和分配，以避免货物积压与储存逾期造成成本损失。

4. 财务团队

财务团队跟踪采购支出，做好市场调研与分析，确保采购预算和采购计划的执行，保持良性化监管。

（二）降低采购成本的策略

1. 拓宽采购渠道

与多个供应商建立合作关系，以获取更多的采购选项，同时降低对单一供应商的依赖，落实源头直接采购与集中采购是最有效的采购措施。

2. 采购环节控制

组织与供应商谈判并签订长期采购协议，以获得批量购买的定价话语权。通过向多家供应商询价，掌握市场价格变动，严格执行采购计划与采购标准，从而实现降低成本的管理目标。

3. 采购成本分析

财务组织定期评估采购成本并做出精准的分析，把控采购全过程中的可变与遗漏事项，科学地规范、优化采购计划与采购标准。

4. 智能采购

财务利用财务智能管理系统和采购管理软件，以提高采购效率和监管采购流程与细节，更好地拓展供货渠道与追踪市场变动。

（三）库房储存管理

1. 库存管理精细化

库存管理要为采购提供精准的库存信息，避免采购过多的食材，以减少食材浪费和库存成本。

2. 食材质量检验

建立食材质量检验标准与验收流程，确保所有食材在进入食堂之前都经过检查，保证食材的品质与数量。

3. 食材等级分类

将食材分为不同的等级并分别储存，做到出货及时，以确保食材的品类与品质能够满足食堂的生产需求。

4. 持续优化改进

不断审查食材供应链，寻找提高品质的机会。严格执行索证采购，确保进货产品的质量和合法性，杜绝假冒伪劣产品。

（四）智慧食堂的采购管理创新

1. 智慧食堂的智能化应用

智慧食堂的智能化应用为食堂采购管理带来了新的变革。通过智慧食堂管理系统，可以实现线上动态留存记录、减少人工的时间和成本、保证食品的新鲜和质量。

2. 制订采购计划

智慧食堂管理系统能够根据每日备菜计划，智能分析菜品 BOM 表，自动生成详尽精确的采购清单，对原有的采购计划做出变更处理，避免采购数据不实而影响采购成本。

3. 供应商报价与管理

搭建独立的供应商报价与管理后台，帮助食堂选择性价比最高的供应商。

4. 严格把控验收质量

出入库智能秤具有高精度测量功能，能够准确记录食材的质量信息，减少人工误差；智慧管理系统能够随时提供供货信息并做出分析，为采购提供第一手信息。

食堂财务成本物资采购管理不仅是确保食品安全和质量的关键，也是企业节约成本、提高管理效率的重要手段。通过采用科学的管理策略和技术创新，食堂可以实现更高效的采购管理，为服务群体提供优质的就餐体验。

第二节　食堂财务成本控制管理

食堂财务成本控制管理是对食堂生产经营过程中各项成本核算、成本分析、成本决策和成本控制等进行的系列管理行为，在食堂良性运营中起到保驾护航的作用。其目的在于通过科学的管理手段，在保证食堂饭菜质量和服务水平的前提下，有效控制食堂运营成本、提高效益等。

以下是从几个方面对其概念的详细阐述。

一、成本控制构成分析

1. 食材采购成本

食材采购成本是食堂财务成本的重要组成部分，占总成本的比例较大，包含蔬菜、肉类、粮油等食材的采购成本，是食堂产品成本的主要构成要素。

2. 人力资源成本

人力资源成本是食堂成本的主要构成要素，包括厨师、服务员、采购员等食堂员工的基本工资、绩效工资、福利待遇等。

3. 能源成本

水、电、气的消耗是食堂成本的主要构成要素之一，在总成本里的占比不容忽视。

4. 设备折旧及维修成本

设备折旧及维修成本包括厨房设备、餐具等的折旧和维修费用，成本占比虽然不大，却是食堂运营中不容忽视的构成要素。

5. 其他费用

例如，清洁用品、办公用品等方面的费用，也是食堂财务成本的一部分。

二、财务成本控制措施

（一）食材采购环节

1. 供应商的优选

（1）建立供应商竞争机制，周期性地组织采购招标，从中挑选信誉好且具有供货能力的供应商。

（2）建立供应商名录，定期评估和更新名录内容，确保供应商的供货质量与供货信誉。

（3）实行集中采购和批量采购，以源头采购方式获取采购价格话语权，降低食材采购单价。

2. 采购计划制订

（1）根据食堂就餐人数和生产产品需求，制订精准的采购计划，避免库存积压和浪费。

（2）食堂财务管理人员积极进行市场调研，及时掌握食材价格波动，随时调整采购计划并规范监督采购过程。

（3）在同等条件下(质量、价格相同)，就近进货，减少运输费用。

（4）采购人员要按照采购计划和采购标准实施采购进货，防止贸然进货导致食材浪费。

（二）存储环节

（1）优化仓库布局，分类存放食材，确保存储环境符合储存要求，减少食材损耗。

（2）建立严格的出入库管理制度，定期盘点库存，做到账实相符。

（3）加大对库存沽清管理力度，避免出现库存积压带来的损耗，定期盘存物资，盘活采购资金。

（三）精细加工环节

1. 严格执行食谱标准

制定标准化的食谱和加工规范，规范食材用量和加工方法，减少食材浪费。

2. 食材综合利用

提高厨师职业技能与职业素养，提高食材综合利用率，合理利用食材边角料开发创新菜品。

3. 产品标准成本

严格执行产品标准成本管理，及时纠正加工过程中净料率与出成率不达标的情况，做到精细化管控。

（四）产品销售环节

1. 产品销售量预估

利用食堂智能财务管理系统开展就餐人数预测，及时与服务群体联动沟通，合理安排饭菜供应量，避免剩余过多。

2. 量化销售比例

食堂通过推出套餐、半份菜等可选择性服务，引导员工合理取餐，减少浪费。

3. 内部信息沟通

加强餐厅与厨房的沟通联系，严格控制销售产品的生产与出成率。

（五）人力资源成本控制

1. 岗位优化

对食堂人力资源进行优化岗位设置，合理配置人员，避免人员冗余造成的人力资源成本损失。

2. 加强员工培训

食堂通过加强员工职业素养与技能培训，提升员工的业务操作技能和水平，从而提高工作效率和产品质量，减少因实操失误带来的成本损失。

3. 岗位合理配置

食堂合理安排工作岗位和工作时间，调整人力岗位配置比例，优化岗位结构，提高人力利用效率。

4. 员工绩效管理

食堂加大绩效业绩考核力度并落实成本管理绩效措施，推动全员积极参与成本管理，实现成本管理全员化。

（六）能源成本控制

1. 节能设备

在食堂安装节能设备，如节能炉灶、节水器具等，以减少能源损耗，提升生产效率。

2. 员工节能意识

食堂制定能源使用规范，要求员工养成随手关灯、关水、关燃气的习惯，培养员工节能意识，做到人走灯关、设备关闭。

（七）其他费用控制

（1）精减办公用品采购，推行无纸化办公。

（2）合理控制低值易耗品使用量并落实标准成本管理措施，选择性价比高的产品。

三、财务成本管控与监督

1. 建章立制

食堂财务要建立健全各项成本核算制度，明确各项成本核算的方法和流程。

2. 组织监管

由财务组织设立成本控制监督小组，定期对成本控制措施的执行情况进行检查和评估。

3. 成本分析

食堂财务定期进行成本的评估与分析，依照食堂标准成本，对比实际成本与预算成本的差异，找出原因并提出成本优化改进方法。

4. 优化标准成本的应用

食堂的财务成本与标准成本是食堂经营管理中成本管理和管控的重要组成部分。通过合理设定标准成本、严格控制财务成本，食堂可以提高盈利能力、实现可持续发展。具体的方法包括源头采购、菜品调整、订单管理、设备维护和能源节约等。同时，提升产品质量、提高服务水平、做好宣传推广和注重顾客需求也是提高食堂盈利能力的重要手段。

食堂成本标准的建立步骤：

（1）设定食堂产品的直接毛利率范围。

（2）精准确定食堂堂食各类产品的成本与销售备份量。

（3）依照产品标准食谱，精准确定菜谱中各个产品的主、辅料配比。

（4）根据食堂堂食就餐流量，精准估算当餐产品组配比例与数量。

以月为单位对照食堂成本评估与控制状况，财务及时做出科学精准的分析，若发现问题，及时采取有效措施调整控制成本。

第三节　食堂财务成本核算管理

食堂财务成本核算管理是对食堂运营过程中发生的各项成本费用进行归集、分配和计算的过程，旨在提供成本控制的决策依据。这一过程不仅关系到食堂的经营效益，而且是确保食堂正常运营的关键。

食堂财务进行成本核算时，需要遵循一系列原则。

1. 相关规定原则

在核算食堂成本时，要遵循相关成本管理的规定。例如，在一些学校食堂中，有明确的保障性饭菜、风味小吃、经营性餐厅毛利率的限制规定。保障性饭菜的毛利率不得超过35%，风味小吃的毛利率不得超过45%，经营性餐厅的毛利率不得超过55%。核算时要遵循这些规定进行成本控制，避免发生超出部分被学校回收并影响食堂年度等级评定等情况。

2. 准确性原则

在单品成本核算时，要确保准确性。原则上每个菜品以20～30份出菜量为核算单位进行批量制作并核算成本确定售价，这样有助于减少误差。同时像食堂日核算的数据准确率要求达到95%以上，月核算时做到账账相符、账实相符，数据真实准确率达100%，通过这些措施来保证成本核算的准确性。

3. 市场适应性原则

要适应市场变化及形势发展。定期对单品售价进行一次全面系统的评估和调整，以便适应市场变化，如原材料价格波动、消费需求变化等情况，及时调整成本核算策略以保证食堂运营的合理性和可持续性。

4. 一致性原则

食堂要做到菜名、菜量、菜价及配菜统一，在一定时期内保持质、价、量的稳定，这样有助于整体成本核算的稳定性和一致性，方便在统一的标准下进行成本核算管理等工作。

食堂财务成本核算管理是一项严谨、烦琐、精细而且非常重要的工作。通过在不断完善成本核算与管理体系、提升成本监管与控制能力、加强数据分析与决策支持等方面做出努力，可以有效推动食堂的运营更加高效及可持续发展。

食堂财务成本核算管理严格执行以下流程。

一、收集成本基础数据

食堂财务组织收集食材采购价格、用量等信息，这些数据是成本核算的基础之一。食堂采购了大米、肉类、蔬菜等食材，需要准确记录它们的采购单价、规格和数量。同时也要统计工资、能源消耗、行政管理费用等相关支出数据，确保信息准确无误。

1. 食材采购成本数据的收集

食堂需要收集所有食材采购成本的数据，包括食材价格、数量以及供货渠道和供应商的信息。使用专业的食堂成本核算管理软件可以帮助记录每一笔支出，确保数据的准确无误。

2. 人力资源成本数据的收集

人力资源成本包括食堂厨师、餐厅服务人员以及其他岗位人员的工资等。详细记录基本工资、绩效工资、奖金、福利待遇等数据，有助于精准核算产品成本和与预期相关的成本费用，并为后续分析提供精准、科学的数据支撑。

3. 能源消耗数据的收集

食堂能源消耗数据主要是指烹饪过程中消耗的水、电和燃气的费用。经营过程中除去烹饪消耗能源以外的其他能源损耗也要进行统计，记录这些数据有助于优化资源使用，减少浪费。

4. 其他杂费数据的收集

其他杂费包括日常运营中的各种费用，如清洁用品、消毒用品等。详细记录这些数据有助于全面管理食堂的财务支出。

二、建立财务成本核算台账

使用相关专业智能软件记录每日食堂产品成本消耗和费用支出，为后续分析提供依据。将每日食材的进出库情况、各项费用的发生情况等详细记录下来，形成一个专门的成本台账，便于随时查看成本的构成和数据变化，从中分析出成本的高低走势，促进财务成本管控的良性运转。

食堂成本台账建立流程如下。

（一）确定成本核算项目

1. 产品食材成本

详细记录每次采购的食材品类、供应商名称、采购日期、采购数量、规格、单价以及采购金额等信息。例如，采购大米1000斤，单价2.5元/斤，金额2500元等，这些信息都要准确记入台账，这既有助于对食材成本进行精确核算和管理，也方便后续分析成本波动原因，如价格上涨或者采购量变化等因素对成本的影响。

2. 人力资源成本

记录食堂各个岗位的人力资源信息，如厨师、服务员等岗位。针对每个岗位，统计员工人数、每人的月工资或日工资标准、每月或每日的总工资支出。如3名厨师，每人每月工资5000元，那么每月厨师的人工成本总计15000元。清晰的记录便于分析人工成本在总成本中的占比，以及人员数量或工资调整对总成本的影响。

3. 燃料消耗成本

如果食堂使用天然气等燃料，需记录每月的燃料费用与相关信息。按照天然气表读数，结合单价计算出每月燃料成本，如某月天然气费用为2000元。台账记录可以反映燃料成本的变化趋势，当燃料成本出现高低异常变动时，能够及时查找是用量增加还是单价上涨等原因。

4. 水电消耗成本

由于食堂有单独的水表和电表，应根据每月水表、电表读数与对应的单价计算水电费金额并记录。例如，某月水电费为1500元，通过台账可监控水电费的支出情况，若出现异常升高，能及时排查是否存在设备故障或者浪费现象。

5. 设备折旧和维修费用

对于食堂的厨房设备、餐具、桌椅等固定资产，首先确定其原有进价、预计使用年限和残值率，采用合适的折旧方法（如直线法）计算每月折旧额。例如，某固定资产原值为50万元，预计使用5年，残值率5%，每月折旧额为$500000\times(1-5\%)\div5\div12\approx7917$（元），再加上当月实际发生的设备维修费用（如1000元）。记录设备折旧和维修费用，有助于掌握固定资产相关成本的情况，分析设备的使用效益和成本控制情况。

6. 其他成本费用

食堂其他成本费用包含清洁用品、办公用品、低值易耗品等的采购支出。每月需统计这些费用的大概金额，如每月费用支出约 500 元属于正常范围。若费用数额有高低变化，需如实记录，这有助于全面核算食堂成本，避免遗漏一些小项成本，从而更准确地计算总成本的构成。

（二）选择适宜的台账记录方式

1. 电子表格软件（如 Excel）

Excel 可以方便地创建不同的工作表，分别记录各个成本列支项。例如，一个工作表专门记录食材成本，列标题可以设置为食材名称、供应商、采购日期、数量、单价、金额等；准确记录每一次的采购信息。同时还能够利用公式进行自动计算，像计算食材成本总计，通过 SUM 函数对金额列进行求和操作即可；还可以根据需要生成图表来直观展示成本数据的变化趋势，如柱形图可以展示每月各项成本的金额对比。

2. 启用财务成本管理软件

财务成本管理软件除了记录基本的成本数据，还具备一些高级功能。它能够根据历史数据预测未来需求量、自动追踪库存水平，避免因库存不足导致的额外紧急采购成本。在食材采购管理方面，可以对供应商进行评分管理、优化供应链，从而选择与性价比更高的供应商合作，降低采购成本。同时，该软件还具备生成各种财务报表、对食堂成本进行综合分析等功能。

（三）定期更新与核对台账数据

1. 定期更新成本数据

按照食堂成本各个项目的性质确定更新频率。食材成本可以每日或每次采购后更新，确保数据的及时性；人工成本则在工资发放周期进行更新；水电费、燃料成本等根据每月账单进行更新；设备折旧和维修费用在折旧计算周期或维修发生后更新。例如，每日消耗的食材量要及时记入台账，这样才能准确计算当日食材成本。

2. 定期核对成本数据

定期（如每月）核对台账数据与实际发生的费用票据、财务报表等资料是否一致。食材成本，核对采购发票与台账记录的金额、数量是否相符；人工成本，核对工资表与台账记录是否一致等。如发现差异，及时查找原因并进行调整，保证台账数据的准确性。

三、分析财务成本构成

借助软件系统分析成本构成，识别高成本项目并寻找优化空间。例如，通过分析发现某个产品的食材成本过高，或者某项费用支出占比过大，就可以有针对性地寻找降低成本的方法，如寻找更优惠的食材供应商或者优化人员配置等。

食堂财务成本结构分析的流程如下。

1. 编写成本核算说明

成本核算是食堂财务管理中的关键环节，它涉及食材采购、原料储存与保管、产品加工制作、销售服务等各个环节。编写成本核算说明时，需要遵循真实性、相关性、一致性和可比性原则，确保成本核算的准确性和可靠性。成本核算的基本要素包括直接材料成本、人工成本、制造费用以及间接费用等。这些要素构成了食堂成本的主要部分，对其进行详细的分析和核算，有助于更好地掌握食堂成本结构，为成本控制提供坚实依据。

2. 财务成本构成分析

食堂财务成本主要包括原材料成本、人工成本、能源成本、设备和设施维护成本、包装和餐具成本以及其他成本。其中，原材料成本包括各种蔬菜、肉类、食用油、米、面等；人工成本包括厨师和服务员的工资、福利等；能源成本包括水、燃气、电力等；设备和设施的维护成本包括各种厨房设备的维护与更新；包装和餐具成本包括外卖服务所需的包装及餐具；其他成本包括卫生、采购费用等。

3. 财务分析成本控制及盈利能力

成本控制是提高食堂盈利能力的关键因素，可以从源头采购、菜品调整、订单管理、设备维护、能源节约等方面进行成本控制。此外，提高产品品质、服务水平，做好宣传推广，注重顾客需求，也是提升盈利能力的有效途径。

4. 使用专业的财务软件

使用专业的食堂成本核算软件可以帮助食堂管理者跟踪日常运营，如菜品消耗、员工餐费等。这类软件具备基本的会计功能，可以自动计算收支、提供清晰的财务报告、帮助用户了解食堂的盈利状况。同时，它们还能提供预算控制模块，帮助食堂合理规划运营资金，避免超支。

5. 强化财务审计与监督

审计与监督是食堂财务流程中的重要环节，它确保了账目的清晰和准确。通过严格的审计与监督，可以发现并纠正财务管理中的问题，保证食堂财务的健康运行。

需要注意的是，每个食堂的具体情况可能会有所不同，因此在实际操作中需要根据具体情况灵活调整。

四、核算各类管理成本

在产品食材成本核算方面，记录每种食材的采购价格和用量，精准追踪食材成本。同时，人力资源成本、水电等能源消耗成本、设备折旧与低值易耗品成本等间接费用也不可忽视，将其录入相关软件系统时可以按比例分摊到各项成本中。例如，根据产品的制作数量或者销售额等比例来分摊水电费和设备折旧费用等。

食堂财务成本核算是一项重要的管理工作，旨在确保食堂运营的透明化与高效化。

以下是食堂财务成本核算的主要流程。

（一）数据收集

1. 营业收入数据

记录食堂每日的销售收入，包括各个菜品的销售额。

2. 财务支出数据

记录食堂每日的成本支出，包括食材采购、人员工资、水电费等。

3. 产品食材采购

详细记录每次采购的食材种类、数量、单价和总价。

4. 人员工资

记录所有工作人员的工资发放情况。

5. 其他消耗费用

记录卫生、采购等其他相关费用。

（二）财务成本数据录入

1. 使用财务软件

将收集到的数据录入专业财务软件，如财务软件或成本专业管理软件等。

2. 产品食材采购

录入每次采购的详细信息，确保数据的准确性与时效性。

3. 营业销售收入

录入每日的销售数据，包括每道菜品的销售数量和金额。

4. 其他消耗费用

录入所有其他相关费用的详细信息。

（三）财务成本核算

1. 产品食材成本核算

根据采购数据和销售数据，计算每道菜品的食材成本。

2. 人力资源成本核算

根据人员工资数据，计算每日的人工成本。

3. 其他消耗成本核算

计算水电费、设备维修费等其他相关费用。

4. 财务成本汇总

将所有成本数据汇总，计算出每日的总成本。

（四）报表生成

1. 自动生成报表

使用财务软件自动生成各类财务报表，如收入报表、支出报表、成本报表等。

2. 财务成本数据分析

通过对报表的分析，了解食堂的经营状况，发现潜在的问题和改进空间。

3. 库存数据管理

通过报表了解库存情况，减少浪费，确保食材的新鲜度。

（五）财务成本分析与决策

1. 经营与管理状况分析

定期分析财务报表，评估食堂的经营状况，确保资金使用的透明度和合理性。

2. 财务成本控制

根据分析结果，调整采购策略，优化成本结构，提高运营效率。

3. 经营管理决策支持

通过数据分析，为管理层提供决策支持，帮助制定更合理的经营策略。

通过上述流程，食堂可以实现对收入、支出和成本的精确管理，确保每一笔交易都有迹可循，提升财务管理效率和准确性。使用专业的财务软件，可以进一步简化操作流程、提高数据的准确性和时效性。

五、成本决算与收入匹配

在食堂会计核算中，要精确匹配成本与收入，例如，使用用友软件高效地记录每日菜品销售收入和各类食材采购支出，确保每一笔收入与相应的成本都能准确对应，以便准确计算利润。这有助于了解食堂经营的真实效益，及时发现经营中的问题并进行调整。

（一）食堂成本与收入匹配

食堂成本与收入匹配具体措施包括以下几个方面。

1. 确定产品原材料总成本

这是指食堂所需原材料的总成本，包括货物采购成本（原材料采购费用、运输费用等）以及人工费用（厨师工资、清洁工工资等）。

2. 计算产品总销售额

这包括产品销售价格以及其他收入（产品外卖、服务性接待、预定团餐与盒饭等）。核算总收入净额时，用菜品的总销售额减去原材料总成本，得出食堂的总收入净额，即收入减去成本。

3. 考虑其他成本因素

核算收入和成本时还需考虑资产折旧、空间租赁费用等因素，以确保精确计算收入和成本。例如，食堂的设备和用具，可能需要提前计算折旧成本，以准确统计收入和成本。

（二）食堂成本与收入的基本计算公式

食堂的盈亏计算是衡量食堂运营效益的重要方法，它涉及成本和收入的比较。具体计算公式如下：

$$盈亏金额=总收入-总成本$$

$$利润率=(盈利金额/总收入)\times100\%$$

在这些公式中，总收入指的是食堂通过销售食品所得到的全部收入，总成本则包括食品成本、人工成本以及运营成本等。

（三）食堂成本与收入的匹配分析

1. 产品价格与成本的对比

如果食堂产品的售价明显低于成本价，毛利率失控与成本核算失控是食堂亏损的主要原因。

2. 服务品质与伙食结构的提升

食堂为了满足职工的就餐需求，可能会增加一些个性化的服务项目，如优质特色产品、节假日外卖、特色小吃等。增加服务项目就会增加投入成本，在投入回收之前成本是要比平时高的。

3. 食材安全卫生的保障

采购正规厂家的食材，优质食材既能够保障产品品质，又可以确保食品安全卫生，但价格波动会造成成本的变动，从而有增加成本的趋势。

4. 成本结果分析

成本与收入的匹配结果分析使食堂亏损与盈利的走势明朗化，是实现成本管理精细化的最终结果。

食堂的成本与收入匹配是一个复杂的过程，涉及多个方面的考量和改进措施。通过精确的计算和分析，食堂管理者可以更好地了解经营情况，并采取有效措施提高运营效率和盈利能力。

六、汇总财务成本报表

运用财务管理软件系统等工具，根据成本核算的数据自动生成财务报表，便于分析食堂经营状况。这些报表可以直观地反映食堂的成本、收入、利润等情况，为食堂管理者的决策提供有力的科学依据。例如，是否调整产品结构与价格、是否增加或减少某些产品的供应等。

（一）食堂财务编制财务报表的步骤

1. 确定报表类别和内容

明确需要包含在报表中的项目，如日常支出（食材采购、员工工资、水电费等）、采购清单、库存盘点、食堂收入（餐食销售收入等）内容等。

2. 建立财务记录

收集并整理流水账单、结算单据等各类与财务相关的凭证，保证财务数据的准确性，这些记录将作为编制报表的数据来源。

3. 整理分析数据信息

对收集到的数据进行分类、归纳和比对，例如，将相同类型的支出(如食材采购成本)归类，收入数据也进行相应整理，以便转化为报表形式。

4. 确定报表的格式和时间周期

(1) 汇总格式方面。报表要清晰、简洁、实用，便于管理和决策。

(2) 建账时间周期方面。可以根据需求确定为日报、周报、月报等。不同时间周期的报表能够反映不同时间段食堂的财务状况，日报可快速掌握每日经营情况，月报更有助于分析较长时间段内的盈亏趋势。

5. 利用智能工具制作报表

可以使用财务软件(如用友等)及 Excel 等工具来制作财务报表。财务软件可能具有自动生成报表等功能，能提高效率和准确性；Excel 则较为灵活，可根据自己的需求定制报表样式和计算公式。

(二) 食堂财务报表的主要构成内容

1. 营业收入部分

(1) 餐食销售收入。详细记录不同食堂产品的销售数量和对应的价格，计算得出总收入。

(2) 其他收入。例如，食堂场地出租收入、服务性接待收入、外卖产品收入等额外收入来源也要记录在内。

2. 成本支出部分

(1) 食材采购成本。记录每种食材的采购量、采购单价，汇总计算食材采购总成本。

(2) 人力资源成本。包含员工工资、福利等费用。

(3) 运营费用。如水电费、设备维修费用、餐具损耗费用等。

3. 成本核算与利润计算

通过用收入减去食材采购成本、人工成本、运营费用等各项成本，计算出利润，以了解食堂的经营效益。

(三) 食堂财务报表的监督和审核

财务报表编制完成后，还需要进行监督和审核。这包括接受上级主管部门和审计单位的监督、检查和指导。通过定期的监督和审核，可以确保财务报表的真实性和准确性，维护食堂财务的健康运行。

食堂财务报表的编制是一个系统而复杂的过程，需要明确报表类别和内容、建立财务记录、整理数据信息、确定报表格式和时间周期，并利用合适的工具进行制作。同时，还需要制定相应的食堂财务管理制度，并进行严格的监督和审核，以确保财务报表的真实性和可靠性。

第四节　食堂财务成本监督管理

食堂作为提供餐饮服务的重要场所，对其财务成本的有效管理不仅关系到食堂自身的可持续发展，还直接影响到服务对象的满意度和企业的整体形象。科学的成本监督管理，可以有效控制成本，提高食堂的运营效率和服务质量。

目前，食堂成本管理存在一些普遍问题，如成本管控意识欠缺、成本管控能力匮乏、成本管控制度缺失等。这些问题影响了食堂的成本控制效果，需要引起重视并采取有效措施加以解决。

食堂成本管理在以下两个方面容易出现问题。

1. 产品成本管控欠缺

产品成本管控欠缺的原因是食材采购、储存管理、产品加工与销售等环节在精细管理过程中的监督与管控欠缺优化措施；同时，员工成本节约意识淡薄、成本管控能力匮乏，且成本管控制度缺失。

2. 收支平衡管理欠缺

食堂现金管理存在现金收支不平衡的问题，其主要表现为集中报销时忽略了收入资金与支配的平衡；过于限制报销支出频率与额度而造成积压账目过多，从而影响到了运营的资金周转，无形中造成成本增加。

食堂的经营模式主要分为独立经营、对外承包和企业内部食堂三种类型。无论采用何种形式，成本管控一般包括成本预测、决策、计划、核算、控制、分析和考核等。食堂需设立专门人员对成本进行管理，并设立独立的银行账户进行账簿登记，确保每一笔钱的正当使用。食堂财务成本监督管理体系是维持其良性运转的保障。

食堂财务成本监督管理的内容如下。

一、实时收入方面的监督管理

对于食堂的伙食收入，当用充值卡结算时，要以员工实际消费金额计算财务收入，而非以充值卡经营点结算；若为现金消费，则按现金总额计算总收入，确保收入计算准确，防止发生虚增或漏计收入的情况。

（一）营业收入来源监督管理

1. 就餐服务销售

这是食堂收入的主要组成部分。食堂应确保餐费定价合理，既能覆盖成本，又符合市场水平。在收费过程中，要准确记录每餐的销售数量，按照既定价格计算收入金额。例如，通过使用电子点餐系统或详细的点餐记录表格，保证餐费收入计算准确无误。同时，还要防范可能出现的收费漏洞，如员工私下少计餐费等情况。

2. 食品外卖销售

如果食堂除了提供餐食，还进行外卖食品销售，如出售一些特色小吃、饮品等，需要对这些食品的销售进行单独管理。要明确每种食品的成本和售价，准确记录销售数量，并计算销售收入。对于食品销售的定价，要考虑成本、市场需求和竞争等因素，以实现盈利目标。

（二）营业收入随机核对机制

1. 每日营业结束核对

每日营业结束后，财务人员需核对销售记录和现金。这一过程要求财务人员将点餐系统中的销售记录或者纸质点餐记录与实际收到的现金进行核对。例如，查看收款机的收款记录、现金收款的收据等，确保账目与实际收入相符。如果发现差异，要及时查找原因，是收款失误、记录错误还是存在舞弊行为。除了现金核对，还需要对其他支付方式（如电子支付）进行核对。电子支付的记录相对容易查询，但也需要确保支付平台的交易记录与食堂的销售记录一致。

2. 定期进行财务审计

食堂管理部门应该定期对食堂收入进行审计。审计周期可以是月度、季度或者年度，具体根据食堂规模和管理需求确定。在审计过程中，审计人员要检查收入的完整性，即是否所有的餐费和食品销售收入都被准确记录；还要检查收入的准确性，包括定价是否合理、计算是否正确等。

（三）收入财务监督措施

1. 服务员工监督

鼓励食堂员工参与监督收入管理过程。因为员工在日常工作中可能会发现一些收入管理方面的异常情况，如某个收款员收款速度异常快或者经常出现现金短缺等情况。建立员工举报机制，如果员工发现收入管理中的违规行为，如私自截留餐费等，可以通过匿名或者实名的方式向管理部门举报，管理部门要对举报内容及时进行调查处理，并对举报人予以保护和奖励。

2. 启用监控设备

在食堂的收款区域安装监控设备，可以对收款过程进行实时监控。监控录像可以作为收入管理的辅助证据，在出现争议或者怀疑有违规行为时进行查看。同时，监控设备也能对员工起到一定的威慑作用，减少违规行为的发生。

（四）收入管理中的风险防范

1. 食材价格波动风险

食材价格的波动可能会影响食堂的成本，进而影响收入。食堂应密切关注食材市场价格变化，当食材价格上涨时，可以考虑适当调整餐食价格，但要遵循相关规定和程序，如通过成本核算确定合理的涨价幅度，并向就餐者进行公示；也可以通过与供应商签订长期合同或者采用套期保值等方式来稳定食材成本，从而降低因价格波动带来的收入风险。

2. 就餐人数波动风险

食堂的收入与就餐人数密切相关，如果就餐人数突然减少，会直接影响收入。为应对这种风险，食堂可以开展市场调研，了解就餐者的需求和偏好，优化菜品和服务，提高就餐者的满意度和忠诚度。

二、财务支出方面的监督管理

食堂财务成本支出的监督内容主要包括以下几个方面。

（一）加强对财务支出的监督管理

1. 成本支出

监督食堂的支出成本，确保支出主要用于原材料成本、人工成本和低价值消耗品等日常经营方面。

2. 额外支出

监督额外支出，确保不应计入食堂支出成本的项目不被列入，如食堂房屋的日常维修费用应计入企业公用经费支出，而非食堂成本支出。

3. 运营盈余

监督食堂所得盈余的合理使用，盈余应用于改善员工伙食，不得私自使用或作为员工工资、福利下发。

（二）加强食堂财务成本的监督管理

1. 成本管理

监督食堂成本管理的执行情况，包括设立专门人员对成本进行管理，设立独立的银行账户，保证资金使用的正当性和规范性。

2. 原料成本

监督原材料成本的控制，确保采购的原材料安全、质量合格，并且价格合理。

3. 采购流程

监督采购流程，确保采购过程透明，选择性价比高的供应商，并对采购的原材料进行二次审核。

（三）加强对食堂经营管理层的监督管理

1. 管理监督

监督食堂管理层的工作，实行责任制和流水线管理，责任到人、项目到人、指标到人，出现问题时能够及时纠正和改进。

2. 财务账目

定期公开食堂财务账目，并进行核算，让员工了解食堂的成本与盈余情况。

3. 员工管理

制定食堂职工规范管理条例。监督食堂职工遵守管理规定，确保食堂运营有序。

通过监督上述内容，可以有效地控制食堂的财务成本支出，确保食堂的正常运作和经济效益的提升。

三、财务成本控制方面的监督管理

食堂财务成本控制监督管理流程是一个系统的过程，涉及成本的各个方面，包括食材采购、人工成本、能源成本、设备折旧及维修费用以及其他费用。

食堂财务成本控制监督管理内容如下。

1. 库存管理

建立库存、消耗、收入、成本、费用等账目，进行成本盈亏核算，制定公布机制，以便实时监控成本情况。

2. 监督措施

成立食堂成本管理监督小组。成员由办公室、后勤部、财务部组成，每月不定期对原材料价格、质量、数量进行抽查。

3. 采购与储存

监督采购物资申购、验收环节的成本控制。厨师长进行物资申购时，应充分掌握季节性食材价格，申购次日的原材料(蔬菜、肉类、鱼类等)并填报《食堂物资采购申请单》，待库管员确认并报食堂主管审批后再进行采购。

4. 市场调研

食堂询价员每月进行两次原材料询价，部门负责人每月进行一次市场询价。若经询价发现供货商价格高于市场价，将要求供货方进行调价，且给予处罚。

通过上述流程，可以有效地对食堂的财务成本进行控制和监督管理，从而提高食堂的运营效率和经济效益。

四、人力资源与制度方面的监督管理

食堂财务的监督管理对于确保资金的合理使用、防止腐败行为、提高资金使用效率具有重要意义。有效的监督管理能够保证食堂运营的透明度和公正性，增强员工的责任感和纪律性，从而维护食堂的良好运营秩序和公司的形象声誉。

(一) 对人力资源的监督管理

1. 确保工资的公平性和合法性

食堂财务对人员的监督管理包括对员工薪酬的管理。员工的薪酬应按照公司规定及时发放，确保工资的公平性和合法性。每月底，财务人员应核算工资表，确保工资发放准确和及时。

2. 控制加班和加班费发放监督

应严格控制食堂职工加班情况，确因工作需要必须加班又无法安排调休的可发加班费。这不仅有助于合理安排员工的工作时间，还能保障员工的合法权益。

3. 奖金管理和福利待遇监督

食堂职工的奖金按照中央国家机关的统一规定执行，全年人均奖金限额不超过机关两个半月的平均工资，由福利奖励基金开支。此外，福利奖励基金还用于支付书报费、洗理费等福利待遇，以及按规定发放奖金和上交奖金超额费。

4. 工作业绩绩效监督

对食堂员工的烹饪技术提升情况进行侧面监督。例如，若因烹饪技术差导致就餐人数减少、食材浪费增加，影响食堂财务收支平衡，财务可将相关数据反馈给管理部门，将其作为员工绩效评估的一部分，进而影响其薪酬或奖金发放。

（二）对财务制度的监督管理

1. 财务依法管理原则

食堂财务管理应严格执行国家有关法律、法规和政策，遵守财务管理制度。坚持服务客户、保本经营的原则，切实保障客户的健康和利益。实行民主管理，接受群众监督，保证资金使用的透明度和公正性。

2. 财务审批与报销制度监督

食堂采购食材和物品时，必须取得正规发票或其他合法凭证，并在发票上注明品名、数量、单价等信息。报销费用时，须经食堂负责人签字确认，并报经相关部门审核后，方可报销。对于大额支出，须经相关领导审批后方可报销。会计人员应每月对报销单据进行审核，确保报销费用的合法性和真实性。

3. 库存管理制度监督

食堂应建立健全库存管理制度，规范库存管理流程。采购食材和物品时，应严格按照采购计划进行，避免库存积压和浪费。定期对库存进行盘点和清查，确保账实相符。对于过期、变质或损坏的食材和物品，应按规定处理，严禁继续使用或出售。

4. 固定资产管理的监督

食堂要加强固定资产的管理。食堂的固定资产要设置账卡，详细登记，确保资产的安全和完整。

综上所述，食堂财务人力资源与制度方面的监督管理，对确保食堂运营的规范性、透明性和高效性至关重要。通过严格的财务管理和监督，可以有效预防和控制各种违规行为，保障员工的合法权益，提升食堂的服务质量和管理水平。

第五节　食堂财务成本优化管理

食堂财务成本优化管理是一个系统工程，需要立足于专业化、科学化、规范化、精准化与制度化，从多个方面入手，通过科学的管理方法和有效的控制措施，实现食堂财务管理的规范化、高效化和安全化，从而提升食堂的整体运营水平和服务质量。食堂的财务成本管理是财务管理中非常重要的部分，规范财务管理方法、有效控制食堂的成本对提高食堂的经济收益有非常重要的作用。优化财务管理，不仅可以确保食堂资金的合理使用，还能提高食堂的服务质量和员工满意度。

食堂财务成本优化管理流程涉及多个关键环节，旨在通过有效的成本控制和管理策略，提高食堂的运营效率和盈利能力。以下是一些关键的要素。

一、明确财务管理目标和管理规则

明确食堂的财务管理目标和管理规则，确保所有操作符合规范。这包括制定详细的采购、销售、库存管理流程，以及建立严格的收支审核机制。

（一）财务成本优化目标

食堂财务成本优化的主要目标是提高食堂财务管理效率、降低财务管理风险、提升食堂服务质量，并提高员工满意度。具体来说，这一目标可以通过以下几个方面实现。

1. 提高财务成本管理效率

通过优化成本管理方案，提高财务管理的效率，利用高科技与智能管理软件减少人力和时间成本。

2. 降低财务管理风险

通过优化财务成本方案，细化监管、监控措施，精准施策，把控并降低财务风险，确保食堂财务的稳定和安全。

3. 提升服务质量

通过优化财务成本管理方案，为食堂高效运转保驾护航，增加食堂服务品种，满足员工的需求，促进食堂的发展，提升食堂的竞争力，从而增强员工的满意度。

（二）财务成本优化管理原则

为了实现上述优化目标，食堂需遵循一系列管理原则。

1. 财务预算管理

（1）制订预算计划。食堂每年需制订详细的成本预算计划，包括食材采购、采购备用金、设备维护、员工工资等费用。

（2）实时监控和预警。实行预算控制，对各项支出进行实时监控和预警，确保预算不超支，并对超支情况进行及时调整。

2. 财务成本控制

（1）成本构成核算分析。明确各项成本的构成和范围，包括食材采购成本、人工成本、能源成本等。

（2）财务具体控制措施。

1）食材采购成本控制。建立供应商竞争机制，制订精准的采购计划，加强市场调研。

2）人力资源成本控制。优化岗位设置与生产工艺流程，加强员工培训，提高员工的职业素养与技能水平。

3）能源费用控制。推广节能设备和技术，制定能源使用规范与标准。

4）设备折旧及维修成本控制。定期维护保养设备，严格控制设备购置。

5）其他费用控制。精减办公用品采购，合理控制清洁用品使用量。

3. 收入优化管理

拓展收入途径。例如，食堂通过收取餐费、提供增值服务等方式增加收入。

4. 优化支出管理

严格控制各项支出，确保资金使用合理、有效。

5. 优化监督与审计

（1）设立独立的财务监督机制与审计部门，负责对食堂财务进行监督和审计。

（2）建立完善的财务报告制度，定期向食堂管理层和员工公布财务状况。

（三）食堂财务成本优化管理的内容

1. 成本构成分析与优化重点

食堂财务成本优化管理需明确成本构成，主要包括食材采购成本（占比50%~60%）、人工成本（占比15%~25%）、能源费用（占比8%~12%）、设备折旧及维修费用（占比5%~10%）等。通过量化分析各项成本占比，可精准定位优化重点。例如，食材采购可通过供应链优化降低支出，能源费用可通过节能设备实现节约。

2. 采购与库存管理优化

在采购环节，需建立供应商竞争机制，通过集中采购、批量议价降低食材单价，并实施市场询价制度确保价格透明。验收环节要求复秤核验，杜绝以次充好。库存管理需遵循先进先出原则，定期盘点，避免积压变质，同时根据就餐人数动态调整采购量，减少浪费。

3. 加工与销售环节精细管控

加工环节推行标准化菜谱，规范食材配比及调料用量，利用边角料开发创新菜品。销售环节通过套餐定制、半份餐供应等方式引导合理消费，结合就餐人数预测动态调整备餐量，降低剩余率。同时建立成本核算体系，精确计算单菜成本与利润率，避免定价偏差。

4. 能源与设备效能提升

引入节能炉灶、感应水龙头等设备降低能耗，制订设备维护计划延长使用寿命。建立能源使用规范，如分时段控制照明、后厨设备错峰运行等，培养员工随手关停设备的习惯，减少隐性消耗。

5. 财务监督与制度保障

完善预算管理制度，将成本控制纳入绩效考核体系，设立监督小组定期抽查采购价格、库存损耗等关键指标。通过月度成本分析报告追踪成本波动，制订超支项整改方案。同时建立激励机制，对节约成本突出的部门和个人给予奖励，提升全员参与度。

6. 数字化管理工具应用

推动采购、库存、销售等环节的数字化管理，利用 ERP 系统实现食材从采购到消耗的全流程追踪。通过数据分析优化采购周期、预警临期库存，并实时监控利润率波动，为动态调整经营策略提供数据支撑。

通过上述管理规则的实施，可以有效优化食堂的财务成本、提升食堂的整体运营效率和服务质量。

二、使用财务管理软件提升成本优化效率

食堂成本智能管理软件是一种专为食堂设计的智能化管理系统，旨在帮助食

堂实现从采购到销售全流程的数字化管理。这类软件通过集成采购、库存、销售等多个环节的数据分析功能，能够有效提升食堂的运营效率和服务质量。食堂成本智能管理软件作为一种高效的管理工具，不仅提升了食堂的运营效率和成本控制能力，还为管理层提供了有力的决策支持。通过实际案例可以看出，用友软件在各类学校食堂中的应用效果显著，值得广泛推广。

（一）用友成本核算软件的特点

1. 一体化管理

食堂采用财务管理一体化实现其进销存、资金、财务、合同全流程在线管控。

2. 财务智能化

食堂财务成本管理智能化利用智能管理系统对接企业的进销存系统，通过信息共享，一键智能生成财务凭证和账表。

3. 数据管理

通过经营数据智能分析与决策，利用手机端、电脑端随时跟踪经营数据，制定经营策略。

（二）软件助力食堂成本控制

1. 食材管理精准化

精准计算食材成本，减少浪费，提高食材利用率。

2. 优化结构设计

优化菜单设计，通过分析食材使用效率，对比实际消耗与预期标准，找出差异原因。

3. 成本核算

自动计算菜品成本。根据实际消耗情况自动计算出每一道菜品的成本，为定价提供科学依据。

（三）使用食堂成本智能管理软件提升管理效率

通过引入食堂成本智能管理软件，可以实现从采购到就餐全流程的智能化管理，优化财务与库存管理，确保食材的新鲜与成本控制。

1. 成本控制方面的管理效益

（1）精确核算产品成本。食堂成本智能管理软件能够准确记录食材采购、人工成本、水电等运营费用。例如，在食材成本计算上，可以详细记录每日采购的食材种类与数量，设置不同食材的成本单价，自动计算出每餐的成本，从而实现从采购到消耗每个环节的成本精准核算，有效控制成本。

（2）减少消耗浪费。通过分析食材的采购量和实际消耗量，食堂成本管理软件可以帮助食堂管理者优化采购计划。例如，借助软件系统分析每日菜品的销售情况，据此调整采购量，避免食材过度采购造成的浪费，降低不必要的成本支出。

2. 运营管理效益的提升

（1）提升管理工作效率。食堂成本智能管理软件实现了从采购到库存再到成本核算的全流程信息化管理。像食材采购、库存管理等复杂流程得到简化，人工成本降低的同时工作效率得到提高。例如，食堂成本智能管理软件可以自动处理数据，减少人工操作环节，将财务人员从基础性工作中释放出来，提高数据处理的准确性和及时性。

（2）优化成本资源配置。食堂成本智能管理软件提供的数据分析功能有助于管理者深入了解食堂运营状况。管理者能根据各项成本数据合理安排资源，如调整人力资源分配、食材采购种类和数量等，实现资源的优化配置，提高食堂的整体运营效率。

3. 支持数据决策的管理效益

以数据驱动决策，食堂成本管理软件支持多维度数据分析。例如，可以通过分析食材成本与非食材成本的比例，生成成本报表，为管理者提供全面的数据支持，帮助管理者制定科学合理的经营策略，如调整菜品价格、优化菜单等。

4. 提升服务质量的管理效益

（1）提升就餐体验效应。一些食堂成本智能管理软件与其他功能模块结合，可让顾客通过手机应用查看菜单、预订餐食等，提高就餐体验的便捷性，间接提升食堂的服务质量，有助于吸引更多人就餐，增加食堂的收益。

（2）保障食品安全与营养均衡效应。食堂成本智能管理软件有助于食堂精细化管理，在控制成本的同时，确保食材的采购质量，进而保障食品安全与营养均衡，提高就餐者的满意度。

总之，食堂成本智能管理软件在成本管理中发挥着重要作用，通过精准的数据分析和智能化的管理功能，能够帮助食堂实现成本的精细化管理，提升运营效率和顾客满意度。

三、食堂财务成本优化可控成本管理

食堂成本控制不仅限于食材采购，还包括人工成本、能源费用、设备折旧及维修费用等可控成本。通过优化这些方面的管理，可以有效降低食堂的总成本。

（一）引入先进的智能财务管理软件

引入先进的智能财务管理软件，是实现食堂财务管理效率提升的有效途径之一。通过这类专业工具，实现了从采购到结算全流程的数字化管理，大大减少了人工操作带来的错误率，同时也提升了数据处理的速度与准确性。

（二）建立严格的成本控制机制

1. 食材采购成本控制

（1）建立供应商择优机制。定期招标，选择供货质优价廉、信誉良好的供应商。

（2）制订精准的采购计划。根据每日就餐人数和菜品需求，依据标准食谱合理采购食材，减少库存积压和浪费。

（3）加强市场调研。不定时开展市场调研，及时掌握食材价格波动，适时储备常用食材。

2. 人力资源成本控制

（1）优化岗位设置。优化岗位设置，合理配置岗位人员，避免人员冗余。

（2）加强员工培训。提高员工职业素养与工作效率，减少加班及其费用。

3. 能源消耗费用控制

（1）推广节能设备和技术。如节能炉灶、感应式水龙头等。

（2）制定能源使用规范。要求员工养成随手关灯、关水、关燃气的习惯。

4. 设备折旧及维修成本控制

（1）定期维护保养设备，延长设备使用寿命。

（2）严格控制设备购置，避免不必要的设备投资。

5. 其他费用控制

（1）精减办公用品采购，推行无纸化办公。

（2）合理控制清洁用品使用量，选择性价比高的产品。

（三）提高资金周转使用效率

1. 优化结算

优化与供应商之间的结算周期管理。确保资金回笼速度，提高食堂的资金运作效率。

2. 优化支出

支持多样化的支付方式。通过接入移动支付接口，员工可以快速完成结账流程，同时加快资金回笼速度。

3. 优化食材储存

提高物资储存管理水平。预防物资积压和逾期所带来的资金闲置状况，保障资金周转的使用效率。

（四）加强财务内部控制与审计工作

1. 内部审计

定期开展财务内部审计。及时发现并纠正财务管理中存在的问题，建立更加完善的风险防范体系。

2. 成本核算管理与监督

（1）建立健全成本核算制度。明确各项成本的核算方法和流程。

（2）设立成本控制监督小组。定期对成本控制措施的执行情况进行检查和评估。

3. 成本分析

每月进行成本分析。及时发现成本控制中的问题，并采取相应的改进措施。

通过上述措施，食堂可以有效控制成本、提高运营效率和服务质量，从而增强员工的信任度和满意度。

四、食堂财务成本优化步骤

食堂成本控制管理方案旨在通过一系列措施有效降低运营成本，提高食堂管理水平和服务质量。以下是一些关键的管理策略。

（一）采购环节优化策略

1. 源头直接进货优化

减少流通环节，直接与生产厂家、农户或一手批发商合作，以避免多层加价。

2. 采购供货商优化

通过市场调研，找到性价比高的材料供应商，并建立长期合作关系。

3. 采购招标流程优化

利用比价、招标等方式，选择性价比高、质量好的供应商进行采购，有利于降低食材和设备成本。

（二）仓储与管理优化策略

1. 仓库管理优化

加强食品、原材料的管理，坚持先进先出原则，防止食品过期变质造成浪费。

2. 库存控制优化

优化仓库布局，分类存放食材，确保存储环境符合要求，减少食材损耗。

（三）加工与销售环节优化策略

1. 采纳标准化食谱

制定标准化的食谱和加工流程，规范食材用量和加工方法，减少食材浪费。

2. 产品合理定价优化

根据成本和市场需求合理制定食堂菜品的价格及销售规格，确保价格的竞争力。

（四）人力资源成本控制策略

1. 岗位设置优化

合理配置人员，避免人员冗余，提高工作效率。

2. 员工培训优化

加强员工培训，提升业务水平和工作效率，降低因操作失误导致的成本增加。

（五）能源费用控制策略

1. 节能设备推广优化

安装节能设备，如节能炉灶、节水器具等，培养员工节能意识。

2. 能源使用规范优化

制定能源使用规范，要求员工养成随手关灯、关水、关燃气的习惯。

（六）成本核算与监督策略

1. 建立健全成本核算制度

明确各项成本的核算方法和流程，设立成本控制监督小组，定期检查和评估成本控制措施的执行情况。

2. 成本分析

每月进行成本分析，及时发现成本控制中的问题，并采取相应的改进措施。

（七）激励机制策略

对于在成本控制工作中表现突出的员工和部门，给予一定的奖励和表彰，以提高全体员工参与成本控制的积极性。上述措施的实施，不仅可以有效控制食堂的财务成本，还能提升食堂的整体运营效率和服务质量，增强员工的信任度和满意度。

五、食堂财务成本优化的长期策略

食堂财务成本优化对于提高食堂的整体运营效率和盈利能力具有重要意义。对食堂的财务数据进行深入分析，可以全面了解食堂的成本支出情况，为降低成本、提高效益提供依据。这不仅有助于企业在激烈的市场竞争中保持竞争力，还能有效提升员工的满意度和归属感，进而增强企业的凝聚力。

（一）食堂财务管理系统管理的长效性

1. 财务管理系统

食堂财务管理系统对于提高食堂管理效率和降低成本支出具有重要意义。一套高效的食堂财务管理系统不仅能够帮助食堂实现财务的透明化和精细化管理，还能够在食材采购、菜品定价等方面进行优化，从而降低成本支出、提升盈利空间。

2. 采用高智能数字化手段提高管理效率

食堂财务要尽量采用高智能数字化软件管理系统，以提升财务核算功能，如收支管理、报表生成、成本解析等。通过体系化的数据录入和统计解析，管理者可以清晰地了解食堂的经营状况，及时调整经营策略。此外，软件还可以集成员工考勤、库存管理等功能，帮助食堂管理者更好地安排人员、合理利用食材，从而进一步提升管理效率。

（二）降低成本开支的管理长效性

食堂经营面临的一个重要难题就是成本控制。食堂财务管理软件的免费版

(财务专用)通过数据统计和解析，可以帮助管理者更精准地掌握各项支出情况，做出科学的成本解析，找到节约成本的有效途径。例如，通过对菜品销售情况的解析，可以及时调整菜品种类和售价，提高菜品利润率；通过库存管理功能，可以避免食材的浪费，有效降低材料成本。具体措施如下。

1. 食堂成本控制管理方案

为了有效降低食堂的运营成本、提高食堂的管理水平和服务质量，应制定一系列成本控制管理方案与管控措施，并对实施情况进行优化改良。

2. 财务成本构成分析

（1）食材采购成本。约占总成本的 $x\%$，包括蔬菜、肉类、粮油等。

（2）人工成本。约占总成本的 $x\%$，涵盖厨师、服务员、采购员等人员的工资和福利。

（3）能源费用。约占总成本的 $x\%$，主要是水、电、燃气的消耗。

（4）设备折旧及维修费用。约占总成本的 $x\%$，包括厨房设备、餐具等的折旧和维修费用。

（5）其他费用。约占总成本的 $x\%$，如清洁用品、办公用品等。

3. 成本控制措施

（1）食材采购成本控制。建立供应商竞争机制，定期招标，选择质优价廉的供应商。制订精准的采购计划，根据每日就餐人数和菜品需求，合理采购食材，减少库存积压和浪费。加强市场调研，及时掌握食材价格波动，在价格低谷时适量储备常用食材。

（2）人工资源成本控制。优化岗位设置，合理配置人员，避免人员冗余。加强员工培训，提高工作效率，减少加班及其费用。

（3）能源消耗费用控制。推广节能设备和技术，如节能炉灶、感应式水龙头等。制定能源使用规范，要求员工养成随手关灯、关水、关燃气的习惯。

（4）设备折旧及维修成本控制。定期维护保养设备，延长设备使用寿命。严格控制设备购置，避免不必要的设备投资。

（5）其他费用控制。精减办公用品采购，推行无纸化办公。合理控制清洁用品使用量，选择性价比高的产品。

4. 成本核算与监督

（1）建立健全成本核算制度，明确各项成本的核算方法和流程。

（2）设立成本控制监督小组，定期对成本控制措施的执行情况进行检查和评估。

（3）每月进行成本分析，及时发现成本控制中的问题，并采取相应的改进措施。

（三）食堂比价采购招标流程管理的长效性

通过比价、招标等方式选择性价比高、质量好的供应商进行采购，有利于降低食材、设备、耗材等成本，提高食堂的运营效率。

1. 比价采购主要环节

（1）需求分析。食堂管理者根据食堂运营与食谱设置的实际情况，制订采购计划，明确采购需求。

（2）采购比价。通过各种渠道收集供应商的信息，进行价格比较，选定性价比高的供应商。

（3）采购招标。对选定的供应商进行招标，邀请其参加投标，提交密封投标文件。

（4）公开评标。对投标供应商的报价、产品质量、售后服务等进行综合评价，选定中标供应商。

（5）签订合同。中标供应商与食堂管理者签订采购合同，明确采购条款、交货期限、售后服务等。

（6）采购实施。食堂管理者按照合同约定，支付货款、接收货物，进行采购。

2. 比价采购优势

（1）食材成本优势。通过比价、招标等方式，选择性价比高的供应商进行采购，有利于降低食材成本、提高食堂运营效率。

（2）设备成本优势。通过招标采购，可以促进供应商充分竞争，降低设备采购成本、提高食堂运营效率。

（3）耗材成本优势。食堂比价采购招标流程有利于降低耗材采购成本、提高食堂运营效率。

（4）人力资源成本优势。通过优化采购流程，降低食材、设备、耗材等成本，有利于降低人工成本、提高食堂运营效率。

3. 财务成本管理成本优势

食堂比价采购招标流程优化了采购流程，降低了管理成本，提高了食堂的运营效率。

4. 直接进货和减少流通环节的策略

直接到生产厂家、农户或一手批发商处进货，以避免多层加价。同时，找准供货商，在市场经济条件下，相同货物不同价格是司空见惯的事情，这就要求采购和监督做到腿勤眼亮、货比三家，在质量相同的前提下，设法寻找价格适宜的供货商；在同等条件下(质量、价格相同)，就近进货，这样可以减少运输费用。

(四) 杜绝生产过程中食材浪费管理的长效性

要求员工不浪费一粒米、一滴油、一根菜。采购人员要有计划地进货，避免计划不周造成浪费。仓库要加强管理，食品、原材料坚持先进先出原则，杜绝食品过期变质造成浪费。因此，从原料加工、成品生产到窗口售卖，每一个环节相关管理人员都要跟进以防止浪费。

(五) 食堂财务内控管理的长效性

食堂财务内控是保障食堂正常经营、健康运转的关键。通过建立健全的食堂内控制度和长效机制，可以有效规范食堂经营行为、保障财务安全、提高食堂服务质量。

为了加强食堂财务内控，确保其长效性，可以采取以下有效措施。

1. 配备专业化的财务管理团队

给食堂财务管理配备具备专业素质的会计审核人员，确保财务管理的规范性和透明度。

2. 建立完善的内控机制

根据相关法律法规和单位实际情况，制定食堂财务内控管理制度，明确财务活动的规范性和透明度。

3. 强化成本控制和核算的精准性

通过控制采购成本、优化库存管理、提高员工工作效率等措施，有效降低食堂的运营成本。

4. 加强财务监督和审计的严肃性

定期对食堂财务进行审计和检查，确保财务数据的准确性和完整性，防止发生财务舞弊和贪污行为。

5. 食堂财务内控的长效性管理

为了确保食堂财务内控的长效性，需要建立一系列保障措施。

（1）持续的制度优化和完善。根据食堂运营的实际情况，不断更新和完善财务内控制度，确保其适应新的管理需求。

（2）加强员工培训和教育。定期对食堂员工进行财务知识和技能培训，提高员工的财务意识和能力。

（3）实施绩效考核和激励机制。将成本控制纳入绩效考核体系，通过激励机制鼓励员工积极参与成本节约和管理优化。

通过以上措施，可以有效提升食堂财务内控的长效性，确保食堂财务活动的规范性和透明度，保障财务安全，提高食堂的服务质量。

食堂财务成本优化的长期策略对于提高食堂的整体运营效率和盈利能力具有重要意义。通过采用优化采购环节管理、规范出入库管理、强化内控机制、提高服务质量、规避财务风险和确保食品安全等方面的措施，可以有效促进食堂的可持续发展、提高市场竞争力。

第六章
智能食堂成本管理系统

智能食堂成本管理是利用现代数字化信息技术，如物联网、人工智能、大数据等来提升食堂运营效率，实施成本监管与管控。它通常采用智能设备(如自助点餐机、智能配送系统等)来简化点餐和支付流程，同时运用财务数据分析系统来优化成本结构与管控流程。

第一节　智能食堂成本管理系统的优势

智能食堂成本管理系统是一种专为食堂运营设计的财务成本管理系统。旨在通过智能化手段提升食堂管理的效率，实现成本的精细控制。这类系统通常集成了采购管理、库存管理、成本核算等多种功能，帮助食堂实现从采购到销售的全过程智能化管理。

一、精确财务成本管理效应

1. 精准把控食材成本

智能管理体系能精确记录食材的采购量、采购规格、价格以及使用情况。例如，在采购环节，可详细记录每一批食材的进货价、进货量，在使用环节能准确统计每餐食材的消耗量，从而精准计算食材成本，避免了传统食堂因人工统计误差导致的成本计算不准确问题。

(1) 智慧进、销、存管理。严格验收制度利用物联网技术对进货、入库、出库等环节的物资进行实时监控和追踪，确保食材的新鲜度和质量符合采购标准，避免因食材质量问题导致的生产加工与产品数量上的浪费和损失。在供应商统一管理方面，食堂管理者与供应商之间建立了长期稳定的合作关系，确保食材的质量和价格稳定。

（2）数字化管控降本增效。食堂智能销售系统能够帮助解决销售环节的成本问题。例如，自助餐称重结算方案能够帮助消费者根据自己的需要夹取用餐的分量，减少剩饭剩菜的浪费，提高消费者就餐效率的同时，降低食堂成本。特色档口点餐解决方案能够结合线上云餐厅点餐模式和智能支付，为消费者提供良好服务的同时，减少人工成本和误差率。

2. 人力资源成本精准统计

智能食堂成本管理系统对食堂员工的工时、工作量等进行精确统计，便于食堂管理者准确核算人工成本。比如，通过智能考勤系统记录员工的上下班时间、加班时长等，依据不同岗位的薪资标准准确计算人力支出，可以有效避免人力成本的模糊性核算。

（1）录入和管理人力资源数据。使用专业的成本计算工具，如用友软件，可以精确记录每个时间段的人力投入，帮助合理分配工作量。

（2）实时监控和分析人力资源情况。通过系统实时监控人力成本的变化，及时调整人力资源配置，优化运营效率。

（3）节省人力操作成本。财务智能成本管理系统能够精准分析出每一个人力资源的单元人力产能指标，及时把握降低人力资源成本的趋势。精准的数据统计有助于减少不必要的开支，优化供应链管理，提高利润率。

二、智能化节能降耗效应

借助大数据分析就餐人数、菜品消费偏好等数据，实现精准备餐。如分析过往一段时间内每天不同菜品的销售量，结合当前预订数据，合理准备食材量，避免做多浪费、做少不够吃的现象，大大减少食材浪费。

1. 食堂智能化精准备餐避免食材浪费

随着科技的发展，越来越多的食堂开始采用智能化管理系统，以实现精准备餐，减少食材浪费。以下是几种主要的智能化管理措施。

（1）实时监测与预测数据。智慧食堂利用先进的数据分析和智能算法，实时监测员工的就餐需求。通过收集员工的就餐数据和偏好，并结合历史用餐数据进行分析，能够精准预测每日的菜品需求量。

(2) 提供科学数据避免浪费。这种实时监测能力使企业能够准确预测每日的菜品需求量，从而有效减少原材料的浪费，避免过量采购而造成的资源浪费，以及由此引发的经济损失。

2. 智能化采购成本管理

智慧食堂通过智能化的采购管理系统，与供应商建立直接的联系和在线采购渠道。可以实现实时的库存监控和供应链管理，根据实际需求调整采购计划，避免库存积压和食材过期浪费，这不仅降低了采购成本，还提升了食材的新鲜度和质量，确保就餐人员享受到健康、美味的餐食。

3. 自助智能就餐称重

食堂智能销售系统配置智能称重机、智能结算台等自主取餐设备，就餐人员吃多少取多少，通过减少每份菜品数量满足一餐食用多款食物的消费需求，避免取餐过多导致浪费，培养就餐人员节约食物的消费习惯。

4. 就餐数据统计与分析

系统能够实时收集和分析订餐数据，为食堂管理者提供决策支持，从而优化菜品结构和库存管理。通过数据分析，食堂可以更好地了解就餐人员的需求和偏好，调整菜品供应，提升就餐体验。

5. 多样化收银功能

智慧食堂提供多样化的收银功能，支持多种支付方式，如微信支付、支付宝支付等，使就餐人员可以快速完成支付。系统还能够实现自动化账务处理，减少人工操作，提高管理效率。

三、智能化资源优化效益

1. 库存成本管理优化

智能管理体系可以实时监控库存情况，实现库存的自动化管理。当库存食材达到预警值时及时提醒采购，避免库存积压或缺货。例如，根据食材的保质期、消耗速度等因素智能安排采购计划，在降低库存成本的同时，确保食材供应的连续性，减少因缺货导致的运营中断。

(1) 科学采购与减少浪费。智慧食堂管理系统利用AI智能收货秤与系统协作，自动记录食材的入库、出库等关键信息，并通过数据分析预测食材的需求量，从而有效避免库存积压和浪费。

（2）透明采购渠道溯源管理。秉持互联网+溯源+检测的理念，智慧食堂管理系统能够获取食材追溯信息，实现索证索票，建立电子台账。这不仅提高了食材管理的透明度，还便于监管部门进行监督。

2. 提高智能设备资源利用率

通过智能调度系统，合理安排食堂设备的使用时间和频率。例如，智能系统分析用餐高峰期和低谷期，在低谷期合理安排设备的维护、保养，高峰期确保设备正常运行，提高设备的使用效率，延长设备使用寿命，从而减少设备购置及维修成本。

（1）后厨专用智能调度系统。通过引入智能调度系统，食堂可以实现更加精准的食材管理和员工调度。系统根据用餐高峰预测食材需求，自动生成采购计划，并通过数据分析优化菜品的准备和烹饪流程，从而减少浪费，提高菜品质量。

（2）营业专用智能饮料机和零食柜。为了增加营业额，智慧食堂可以配置智能饮料机和零食柜。这些设备通过智能化管理，能够确保饮料和零食的新鲜度和多样性，满足顾客的多样化需求。

（3）智慧食堂的节能减排解决方案。智能厨具的能源监测，现代厨房设备如智能冰箱、电磁炉、微波炉等，内置能源管理系统，能够实时记录并分析能耗情况。通过物联网技术，这些设备可以远程控制和调整工作状态，避免不必要的能源浪费。

（4）厨房智能自动化设备与节能。智能炊具能够根据菜品需求自动调整火力，减少热量损失。例如，自动烹饪程序可以根据食物质量和类型优化烹饪时间，从而降低能源消耗。

四、提升财务成本管理效率

智能食堂成本管理系统的引入是食堂智能化运营的一个重大转变。通过建立一个全面的数字化平台，该系统不仅整合了用户管理、进销存管理、财务管理和菜单管理等多个模块，更为食堂的日常运营提供了强有力的支持与保障。管理者能够实时获取食堂的各项运营数据，深入了解食堂的运作状态，包括食材库存、销售情况、消费者偏好等信息。这种信息的透明化，使每一位管理者都如同拥有了一双“火眼金睛”，能够随时洞察运营中的各种动态，为决策提供了有力的数据支持。

1. 数据协助经营管理决策

智能管理体系可以提供精准的运营数据报表，管理者可根据这些数据进行分析，辅助决策。如根据菜品销售数据调整产品结构与菜单，将销售不佳的菜品替换为受欢迎的菜品，既能提高顾客满意度，又能提升销售额，进而提升整体效益成本比。

（1）数据收集信息与整合。智慧食堂的智能化数据分析首先需要进行数据的收集与整合。这包括从各个环节收集数据，并将其整合到一个统一的数据库中。例如，可以通过智能设备收集顾客的取餐数据、销售额数据、库存数据等，同时还可以通过与供应商合作，获取食材的采购价格、质量等数据。

（2）数据分析与处理。在进行数据分析之前，需要对收集到的数据进行梳理与处理。数据处理的目的是确保数据的准确性和完整性，以提高后续分析的可信度。

（3）数据分析与营业潜力挖掘。在完成数据清洗与预处理之后，可以进行数据分析与挖掘。这包括统计分析、数据可视化、机器学习等方法的应用。通过对数据进行统计分析，可以了解食堂的运营状况，包括销售额、顾客偏好、菜品热度等。同时，数据可视化可以直观地展示数据的特征和趋势，帮助经营者更好地理解数据。此外，利用机器学习算法，可以对历史数据进行建模与预测，为经营决策提供参考依据。

（4）经营决策与优化管理。通过智能化数据分析，可以为经营者提供准确、及时的数据支持，从而帮助其做出更明智的决策。例如，根据数据分析结果，可以调整菜品的种类和口味，以满足顾客的需求；可以优化库存管理，减少食材的浪费；可以根据数据预测结果，制定合理的营销策略，提高销售额和顾客满意度。

2. 流程自动化优化管理

食堂诸多管理流程可以实现自动化，如自动结算系统可以减少结算环节的人工投入和错误率，智能点餐系统可以优化点餐流程等。这简化了管理流程，使管理者能够将更多精力投入成本控制和服务提升等关键工作上，提高整体管理效率，降低管理成本。

（1）自动化流程的应用。智慧食堂成本管理系统通过技术手段提高用餐效率、节约成本并提升服务质量。它集成了食品采购、库存管理、食品烹饪、售卖管理等功能，自动化地完成了许多烦琐的操作，提高了用餐效率和管理效率，减少了人工错误和资源浪费。

（2）数据分析与成本控制。通过数据自动化分析系统进行智能化的数据分析，智慧食堂可以有效控制成本、减少浪费。数据自动化分析系统优化财务处理流程，可以有效提升食堂财务管理的效率和准确性。

第二节　智慧食堂成本管理的未来趋势

智慧食堂是利用现代数字化信息技术(如物联网、AI、大数据等)来提升食堂运营效率、管理运营流程的工具。它通过智能设备(如自助点餐机、智能配送系统等)来简化点餐和支付流程，同时运用数据分析来优化菜单和库存管理。

一、智慧食堂的基本构成

智慧食堂的基本构成主要有硬件和软件两个方面。

（1）运营硬件方面。包括智能餐台、智能售餐机、智能配餐机、智能厨房设备等。

（2）运营软件方面。包括智能预订系统、智能点餐系统、智能支付系统、数据分析系统等。

二、智慧食堂与传统食堂的成本比较

1. 传统食堂的运营成本

（1）人力资源成本。依赖人力进行点餐、上菜、清洁等工作。

（2）财务管理成本。管理方式烦琐，依赖人工进行订单管理、库存控制和顾客反馈。

（3）设备购买和维护成本。需要大量资金投入购买和维护厨房设备。

（4）产品食材采购成本。依赖经验，可能导致食材浪费和库存过剩。

2. 智慧食堂的运营成本

（1）人力资源成本的降低。通过自助点餐机和智能配送系统减少人工依赖，降低人工成本。

（2）高效的管理系统。运用大数据分析和云计算技术提升管理效率。

（3）智能化设备的投资回报。高效运作提升服务速度和顾客满意度。

（4）精准的食材采购。通过数据分析优化食材采购，实现精准采购成本管理。

三、智慧食堂的优势与挑战

1. 智慧食堂的优势

（1）提高服务质量。提供更加智能化、个性化和数字化的服务。

（2）降低成本。实现自动化服务和数字化管理，降低人力资源成本。

（3）提供个性化服务。通过数据分析和智能化推荐提升顾客满意度。

（4）提升市场竞争力。提升品牌形象和服务质量，吸引更多消费者。

2. 智慧食堂面临的挑战

（1）初始投资较高。包括智能设备、软件系统和基础设施的建设。

（2）技术依赖性强。对新技术的依赖可能影响系统的稳定性和可靠性。

（3）数据安全与隐私问题。大量数据的收集和使用可能引发安全和隐私问题。

四、智慧食堂的未来发展趋势

1. 智能化与个性化服务

未来的智慧食堂将会更加智能化，采用更高级的 AI 技术，根据顾客的偏好和消费习惯提供更加个性化的服务，让顾客感受到更贴心的服务。

2. 数字化管理

通过数据分析和数字化管理提高服务质量和效率。智慧食堂将趋向于更加注重可持续发展和环境保护，推动使用可再生能源、减少食物浪费和提倡环保用餐方式等。

3. 无人化服务

未来的智慧食堂将会更加无人化，通过自动化服务实现无人值守售餐和自动化配餐等服务，进一步提升运营效率和顾客体验。

综上所述，智慧食堂在成本管理方面展现出结构性优势，尽管面临一定的挑战，但随着技术的不断进步和市场需求的不断增加，智慧食堂将成为餐饮业精细化成本管控的核心转型方向。

参 考 文 献

[1] 李忠厚. 企事业单位员工食堂管理[M]. 北京：机械工业出版社，2013.

[2] 詹瑞臣，颜廷亮. 团餐职业经理人培训教程[M]. 北京：中国纺织出版社，2018.

[3] 宁小军. 餐饮企业成本控制与精细化管理[M]. 北京：化学工业出版社，2015.

[4] 方辉. 餐饮成本管理与控制实战宝典[M]. 北京：化学工业出版社，2013.

[5] 匡粉前. 餐饮成本核算与控制一本通[M]. 北京：化学工业出版社，2013.

[6] 智慧食堂：数字化管理提升餐饮服务质量的未来趋势[EB/OL]. (2023-05-17)[2025-04-24]. https://www.bilibili.com/read/cv23739041/.

[7] 智慧食堂成本管控策略,实现精细化管理和优化[EB/OL]. (2024-07-23)[2025-04-24]. https://www.sohu.com/a/767275462_100131335.

[8] 能效管理智能化：智慧食堂系统节能减排的解决方案[EB/OL]. (2024-08-19)[2025-04-24]. https://www.hzvian.com/content/1068.html.

[9] 智慧饭堂订餐系统：重塑食堂管理，提升就餐体验[EB/OL]. (2024-09-21)[2025-04-24]. https://www.sohu.com/a/843743893_546954.